U0061201

4-5歲 下

幼稚園腦力

邏輯思維訓練

何秋光 著

新雅文化事業有限公司
www.sunya.com.hk

幼稚園腦力邏輯思維訓練（4-5歲下）

作　　者：何秋光
責任編輯：黃花窗
美術設計：蔡學彰
出　　版：新雅文化事業有限公司
香港英皇道 499 號北角工業大廈 18 樓
電話：（852）2138 7998
傳真：（852）2597 4003
網址：http://www.sunya.com.hk
電郵：marketing@sunya.com.hk
發　　行：香港聯合書刊物流有限公司
香港荃灣德士古道220-248號荃灣工業中心16樓
電話：（852）2150 2100
傳真：（852）2407 3062
電郵：info@suplogistics.com.hk
版　　次：二〇二二年一月初版
二〇二三年九月第二次印刷

ISBN: 978-962-08-7900-5

18/F, North Point Industrial Building, 499 King's Road, Hong Kong
Published in Hong Kong SAR, China
Printed in China

系列簡介

本系列圖書由中國著名幼兒數學教育專家何秋光編寫，根據 3-6 歲兒童腦力思維的發展設計有趣的活動，培養九大邏輯思維能力：觀察力、判斷力、分析力、概括能力、空間知覺、推理能力、想像力、創造力、記憶力，幫助孩子從具體形象思維提升至抽象邏輯思維。全套共有 6 冊，分別為 3-4 歲、4-5 歲以及 5-6 歲（各兩冊），全面展示兒童在上小學前應當具備的邏輯思維能力。

作者簡介

何秋光是中國著名幼兒數學教育專家、「兒童數學思維訓練」課程的創始人，北京師範大學實驗幼稚園專家。從業 40 餘年，是中國具豐富的兒童數學教學實踐經驗的學前教育專家。自 2000 年至今，由何秋光在北京師範大學實驗幼稚園創立的數學特色課「兒童數學思維訓練」一直深受廣大兒童、家長及學前教育工作者的喜愛。

目錄

觀察能力

分析能力

判斷能力

推理能力

冊別	內容	九大邏輯思維能力								
		觀察能力	判斷能力	分析能力	概括能力	空間知覺	推理能力	想像力	創造力	記憶力
第 1 冊 (3-4歲上)	觀察與比較	✓								
	觀察與判斷	✓	✓							
	空間知覺					✓				
	簡單推理						✓			
第 2 冊 (3-4歲下)	觀察與比較	✓								
	觀察與分析	✓		✓						
	觀察與判斷	✓	✓							
	判斷能力		✓							
第 3 冊 (4-5歲上)	概括能力				✓					
	空間知覺					✓				
	推理能力						✓			
	想像與創造							✓	✓	
	記憶力									✓
第 4 冊 (4-5歲下)	觀察能力	✓								
	分析能力			✓						
	判斷能力		✓							
	推理能力						✓			
第 5 冊 (5-6歲上)	量的推理						✓			
	圖形推理						✓			
	數位推理						✓			
	記憶力									✓
	分析與概括			✓	✓					
第 6 冊 (5-6歲下)	分析能力			✓						
	空間知覺					✓				
	分析與概括			✓	✓					
	想像與創造							✓	✓	

動物花紋

請你觀察動物身上的花紋和右邊的哪種花紋一樣，把兩者連起來。

練習 02

動物在哪裏

請你根據左邊第一直行裏顏色筆的顏色，把對應橫行裏沒有顏色的動物塗上顏色，然後說一說什麼顏色的什麼動物在第幾橫行、第幾直行。

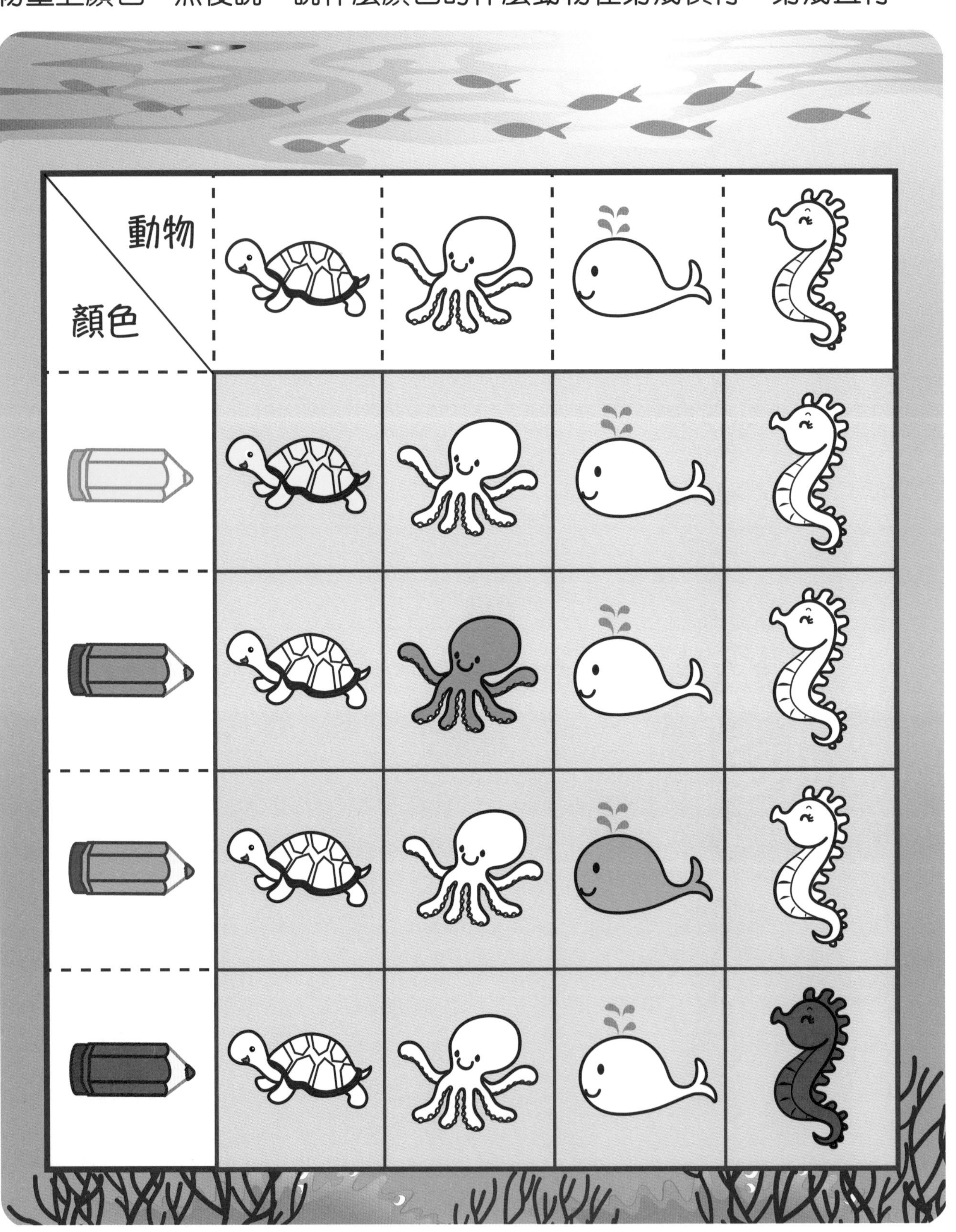

配對鴨子

請你把河裏和岸上花紋、頭朝向完全一樣的鴨子用線連起來。

練習 04

找找橡子

在這幅圖中，一共有 8 顆橡子與右上角的橡子一樣，請你找出它們並圈起來。

觀察能力

練習 05

娃娃的衣服

下面娃娃的衣服上都少了一塊花紋。請你從右邊的 4 種花紋中選出正確的那個，使每個娃娃的衣服上都有最上面的 4 種花紋。

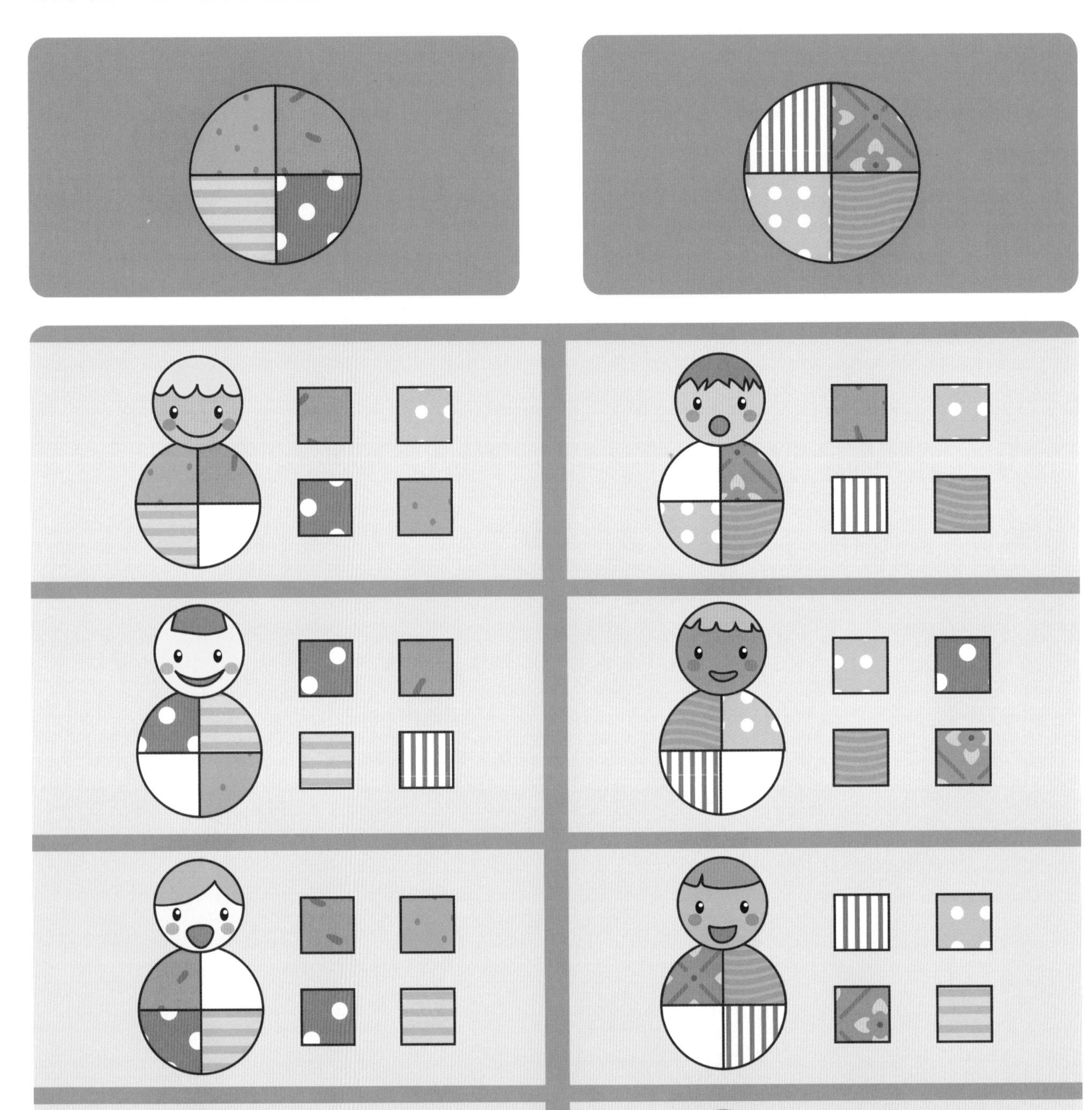

相同顏色的氣球

請你把左右兩邊拿着相同顏色的氣球的動物連起來。

練習 07 動物腳印

小豬搬了新家，動物們都來做客，但是誰先到誰後到呢？請你根據腳印判斷牠們到達小豬家的順序，並在每個動物右邊的格子裏標出 1、2、3、4、5。

找找鸚鵡

在這棵樹上有 4 隻鸚鵡和其他的不一樣，請你找出牠們並圈起來。

練習 09

量詞是什麼

請你將左邊和右邊中量詞一樣的東西用線連起來，並說說它們的量詞是什麼。

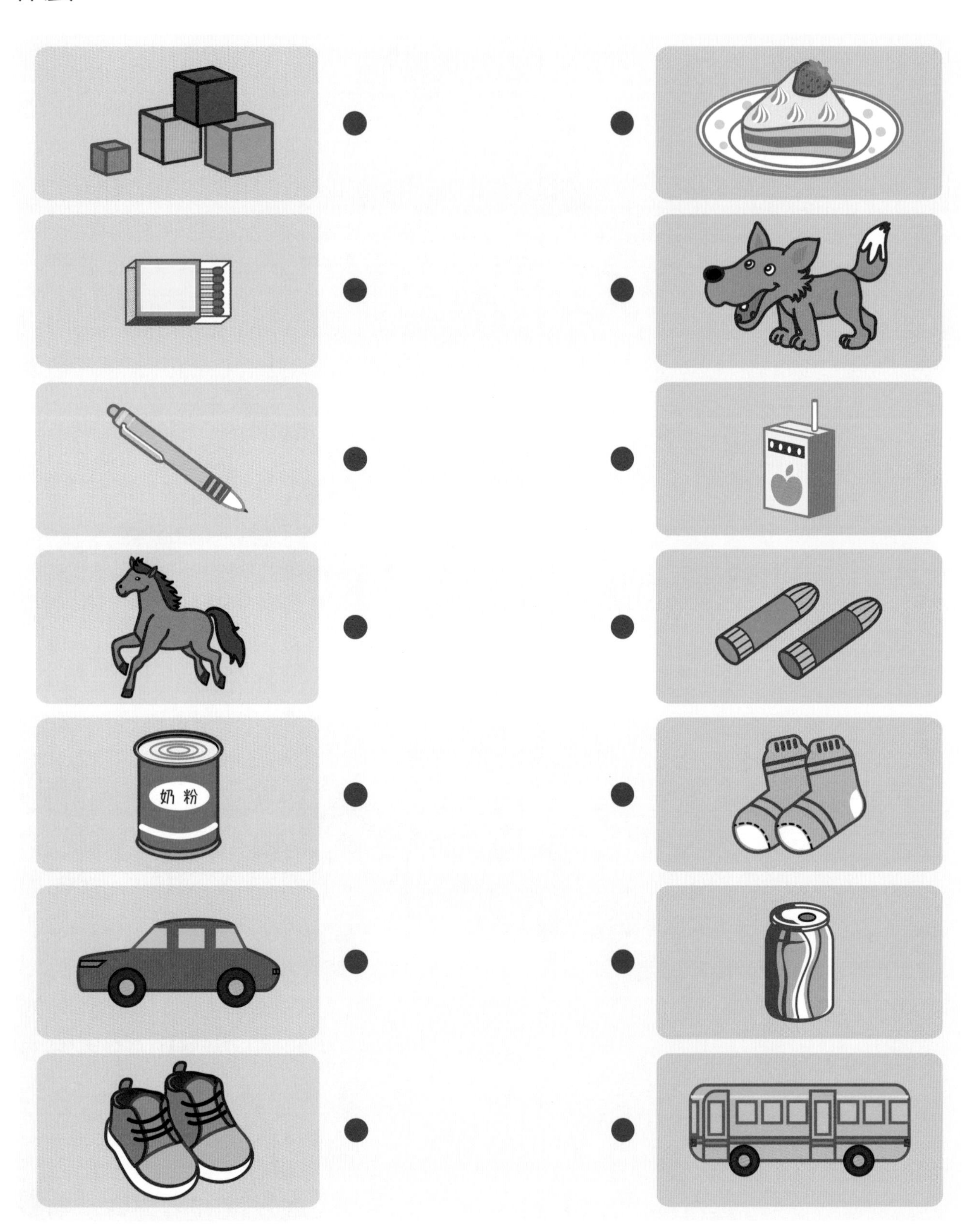

練習 10

找找體育用品

在下面的 6 組體育用品中，有 2 組的物品是一樣的，請你找出它們並圈起來。

練習 11

找找汽車

在下面的 8 輛汽車中，只有 1 輛和其他的不一樣，請你找出它並圈起來。

練習 12 母雞公雞要過河

一羣雞要坐船過河，如果每次都是一隻公雞和一隻母雞同坐一條船，那麼最後會剩下幾隻雞過不了河呢？是公雞還是母雞？請你把過不了河的雞圈起來。

練習 13

積木規律

小朋友們按照不同的規律擺放 4 組積木。請你仔細觀察這 4 組積木，想一想它們接下來應該怎麼擺，並把相同規律的積木用線連起來。

有多少個水果

小猴有 10 個桃子，小豬有 8 個蘋果。如果小猴用 4 個桃子換來了小豬 3 個蘋果，那麼現在牠們各有多少個水果？請把數字填在格子裏。

小牛有 6 個菠蘿，小羊的比小牛的少 2 個，牠們一共有多少個菠蘿？請把數字填在格子裏。

練習 15

大魚缸和小魚缸

如果要把大魚缸裏的魚兒分別放進下面的 4 個小魚缸裏，而且每個小魚缸裏的魚兒要一樣多，應該怎麼分呢？請你在小魚缸畫出正確數量的魚兒。

練習 16

找找安全用品

爸爸開車帶着小紅出去玩，但是車上少了一樣保護小紅安全的東西，這樣東西是什麼？請你找出它並圈起來吧。

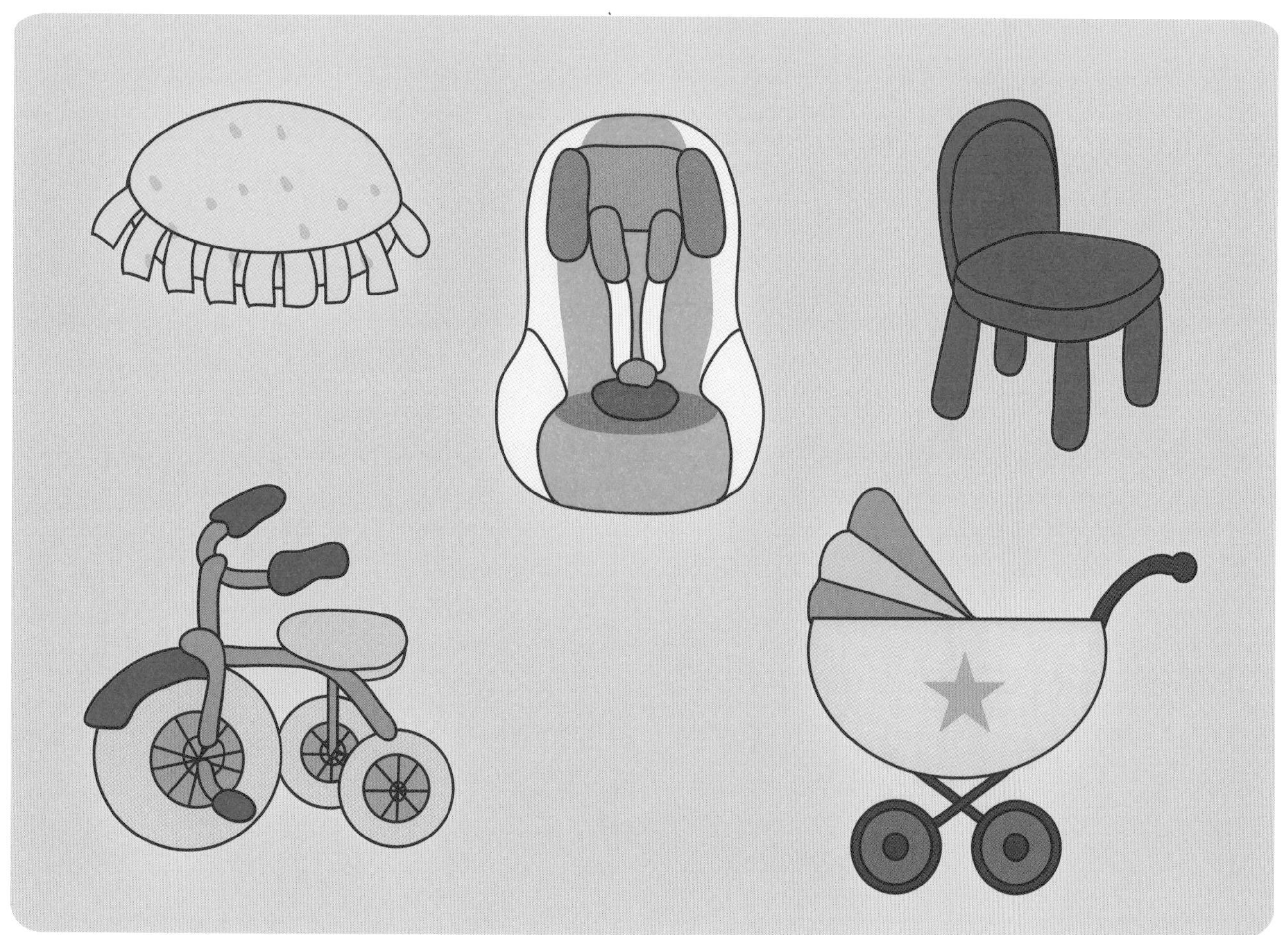

練習 17

動物謎題

一棵樹上有 5 隻小鳥，如果每次飛走 1 隻，那麼需要飛幾次才能全部飛完；如果 5 隻小鳥分兩次飛完，可以怎樣飛呢？請你把答案寫在格子裏。

老爺爺在年初的時候養了 8 隻豬，在這一年中豬增加和減少的數量一樣，到年底的時候老爺爺還有幾隻豬呢？請你把答案寫在格子裏。

練習 18 花兒謎題

在一塊地裏擺了 4 盆菊花和 4 盆月季花，請你畫出 2 條直線，把這塊地分成大小相同的 4 塊，並且每一塊上都有 1 盆菊花和 1 盆月季花。

下面的 6 個花瓶排成了一行，前面的 3 個花瓶裏沒有花，請你把其中 2 個花瓶換一換位置，使花瓶按照 1 個沒有花 1 個有花的規律排成一行。那麼應該把幾號花瓶和幾號花瓶換位置？請你在花瓶的數字上塗上顏色。

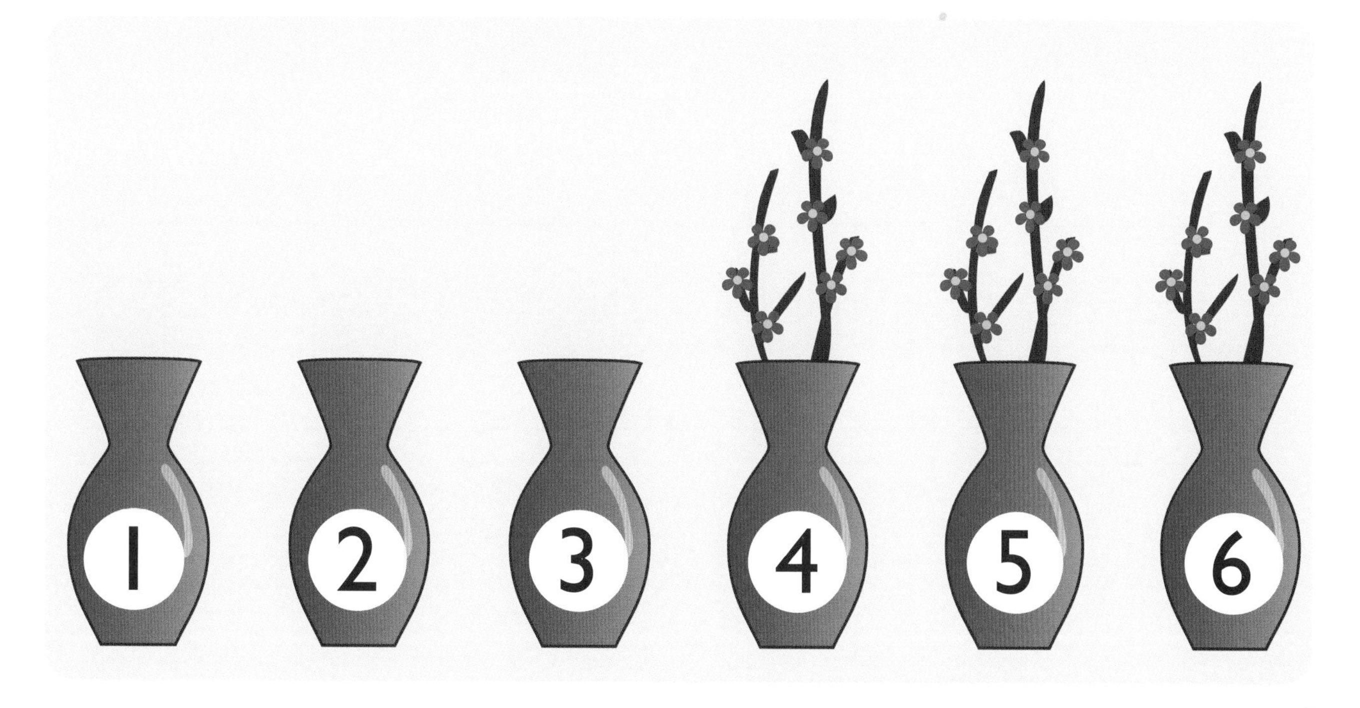

練習 19

圖案變化

觀察每排前 3 個圖案的變化規律，如果後 2 個圖案也按照同樣的規律變化，格子裏應該是 (1) - (4) 中的哪個圖案？請你把它圈起來，並畫在格子裏。

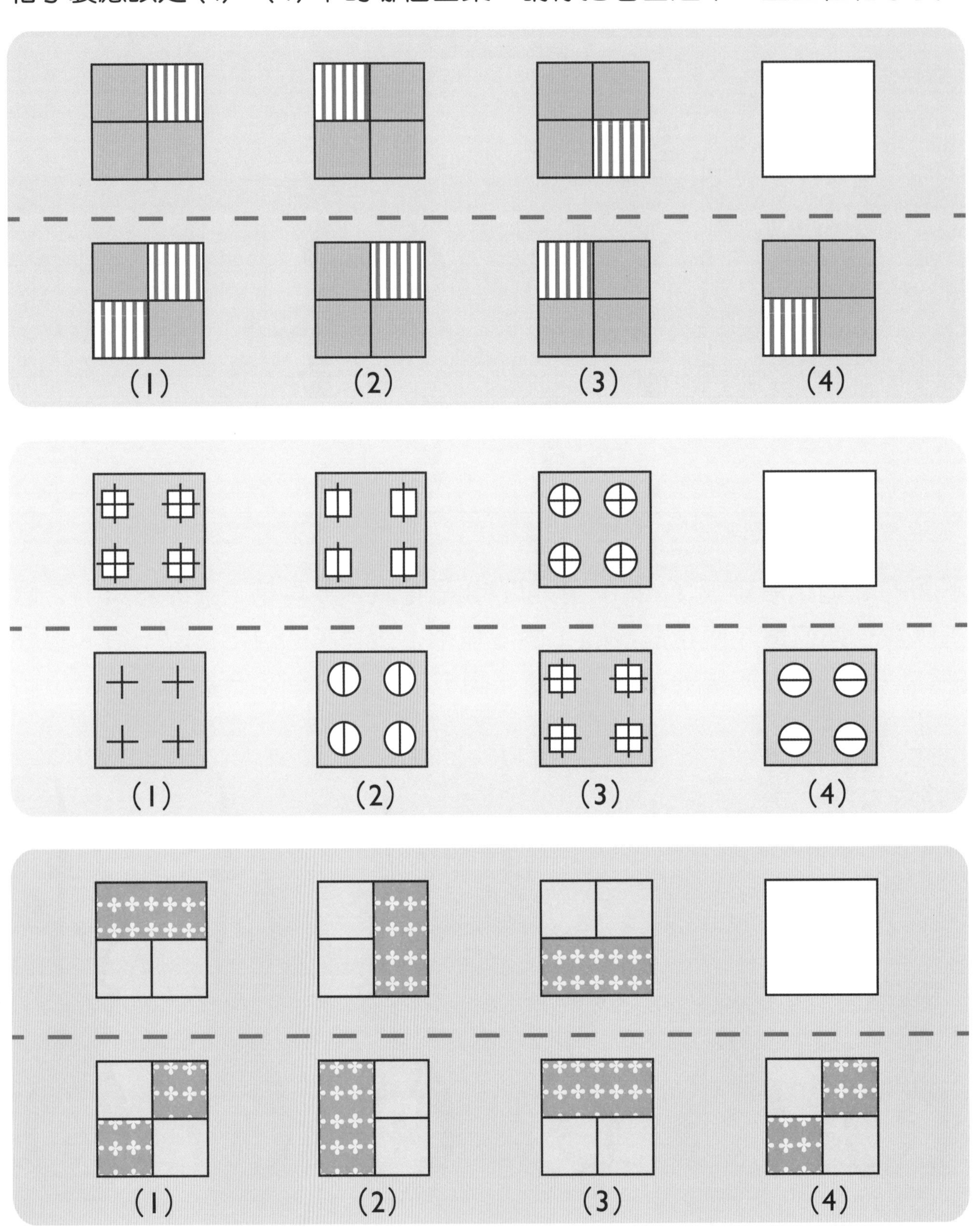

練習 20 誰的桶裏的水更多

小牛、小馬和小豬各提了一桶水，牠們把桶裏的水倒進面前的杯子裏，正好把這些杯子裝滿。請你想一想，誰桶裏的水更多一些？請你在牠的格子裏畫上一朵花。

帶小貓回家

小花貓需要按照小魚、小蝦、小海螺、小烏龜的順序往前走，才能找到回家的路，請你幫助牠快點回到家吧！

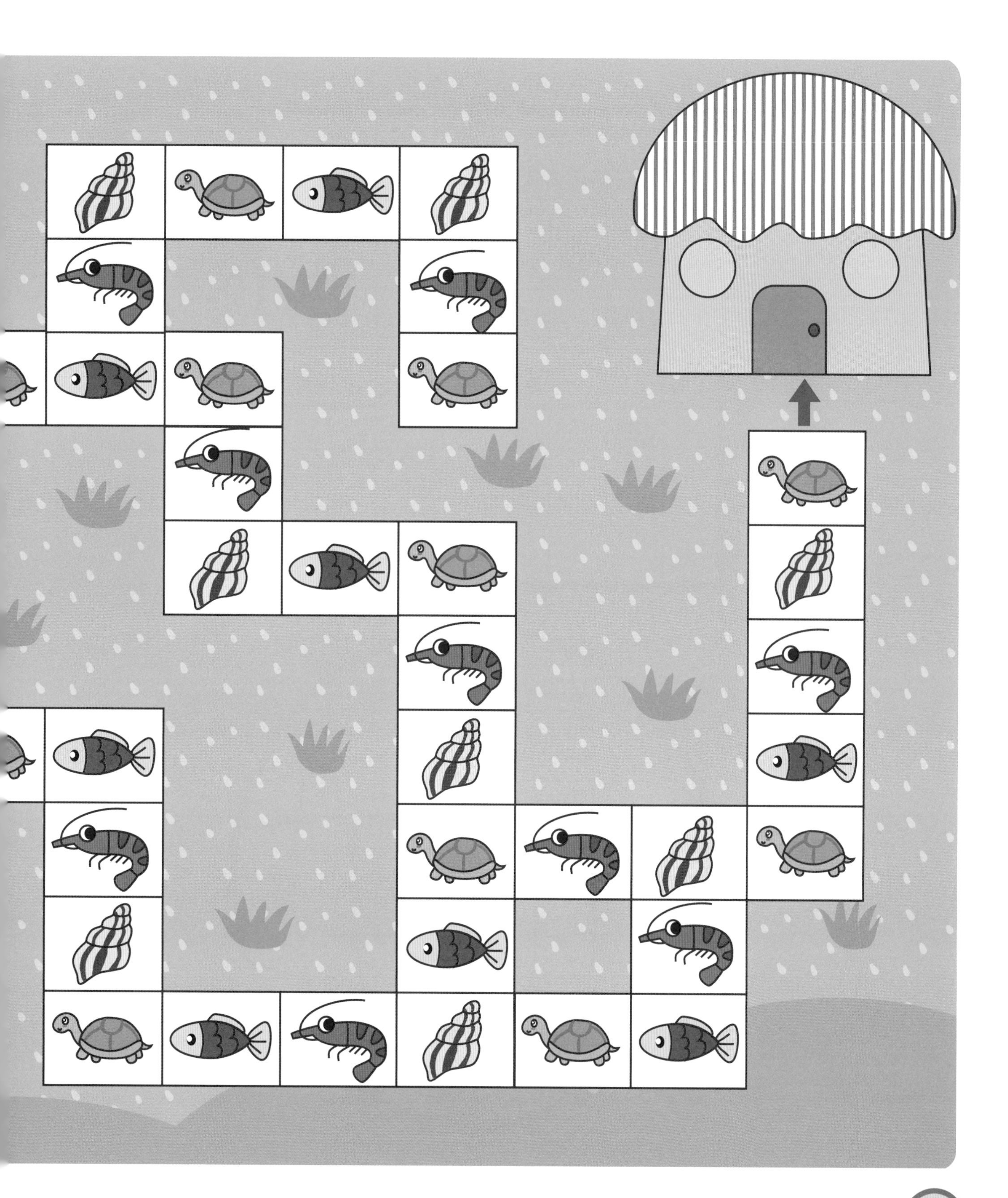

畫水果

在方形中有許多水果，請你按照同樣的位置把它們畫進下面圓形中的格子裏。

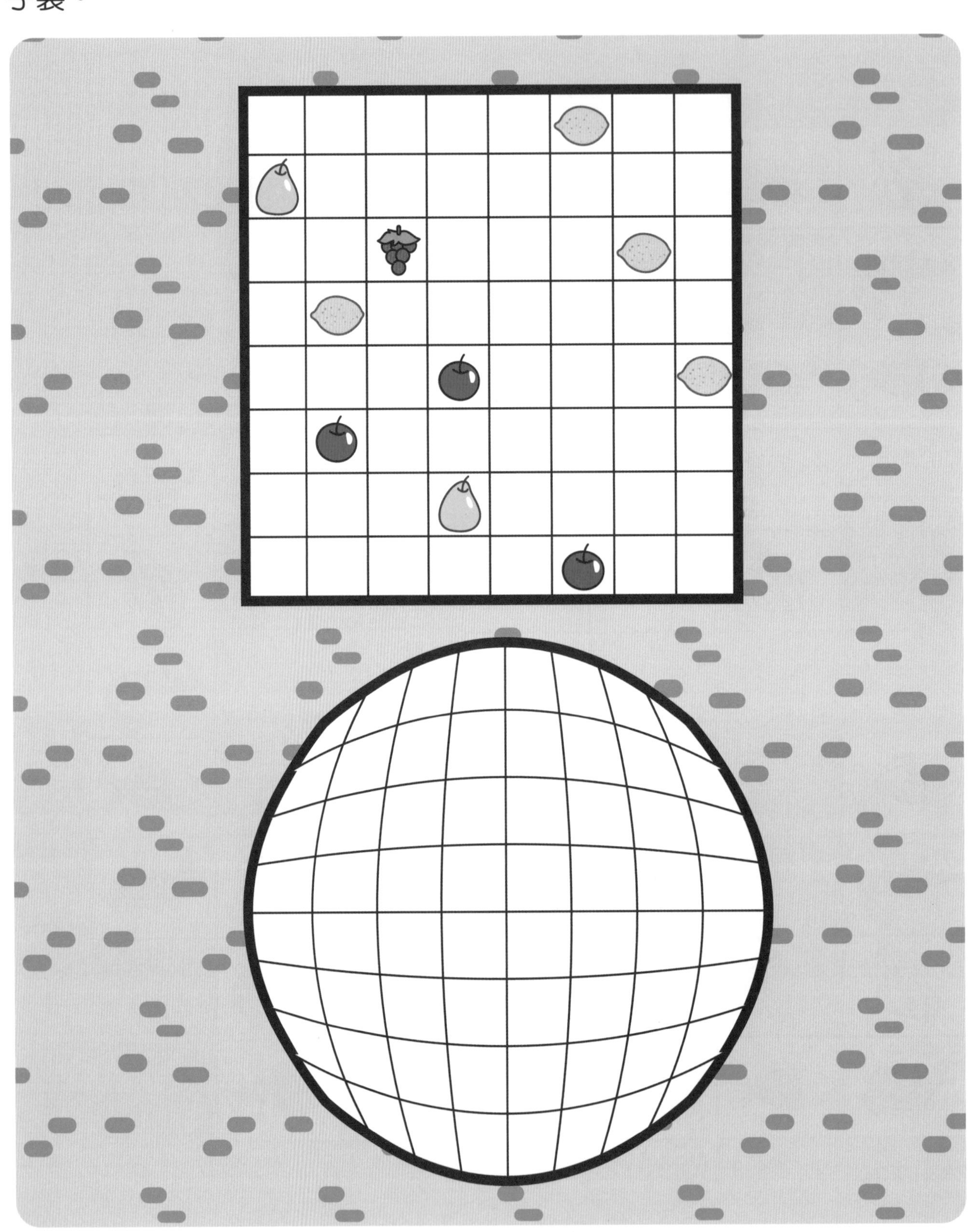

動物排排隊

動物們正在排隊做體操，請你按要求回答下面的問題。

排在小兔左邊的有幾隻動物？排在牠右邊的有幾隻動物？這一隊一共有幾隻動物？請你列出算式，寫在格子裏。

☐ ＋ 1 ＋ ☐ ＝ ☐ 隻

從左邊數小兔是第幾隻？從右邊數小兔是第幾隻？這一隊一共有幾隻動物？請你列出算式，寫在格子裏。

☐ ＋ ☐ － 1 ＝ ☐ 隻

練習 24

有多少個蘋果

3 個籃子裏分別裝了一些蘋果，每個蘋果上的數字代表蘋果的數量。請你不用加減法，判斷一下哪個籃子裏的蘋果總數多，哪個少，還是一樣多。如果一樣多，就在籃子下面的格子裏塗上相同的顏色；如果不一樣多，就在格子裏打 ✗ ，並說一說為什麼。

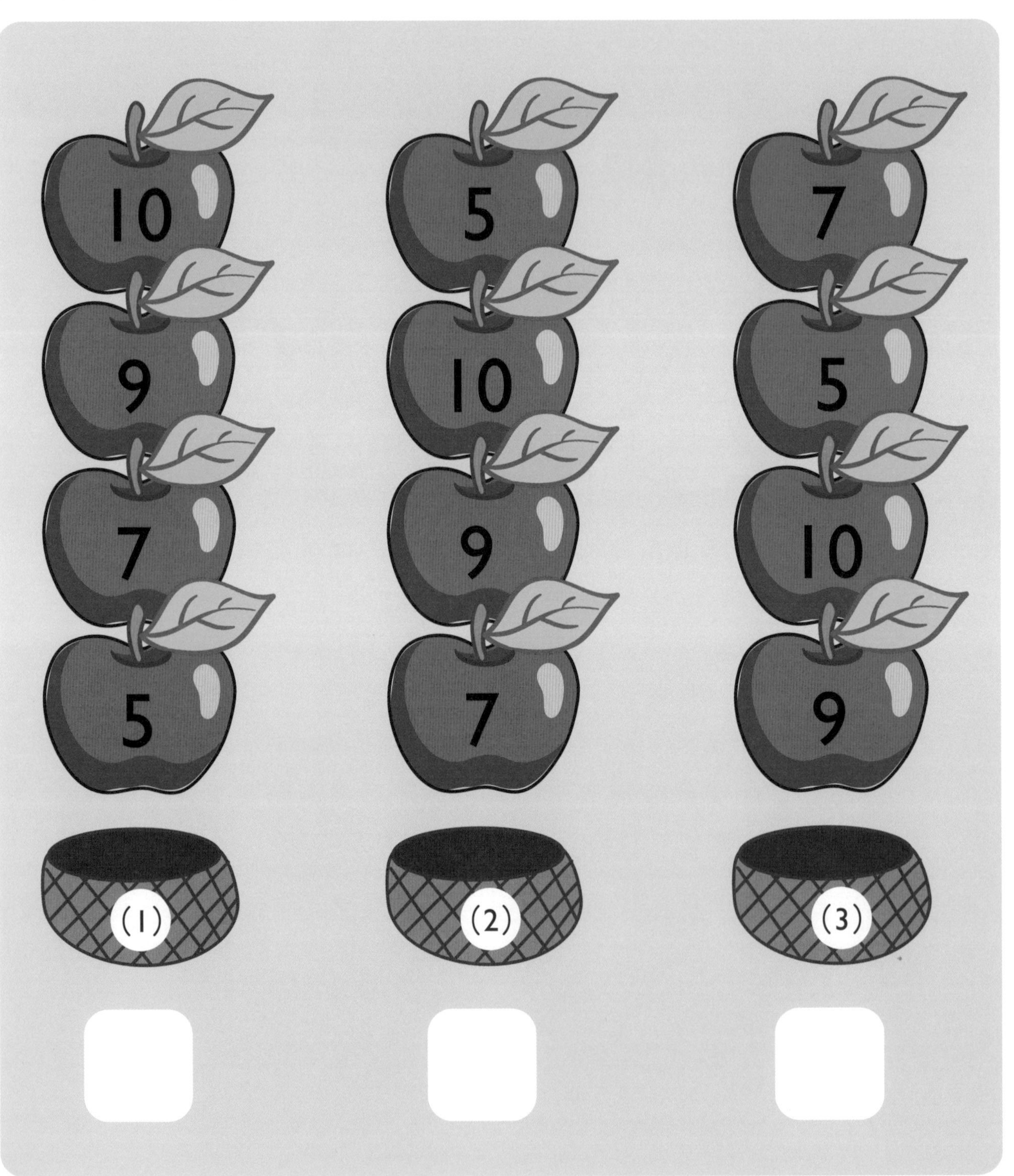

火車的車廂

在一列火車的每一節車廂上都標了數字，請觀察這些數字的規律，想一想，被大樹擋住的車廂上的數字分別是多少，並把數字填寫在大樹上的圓圈裏。

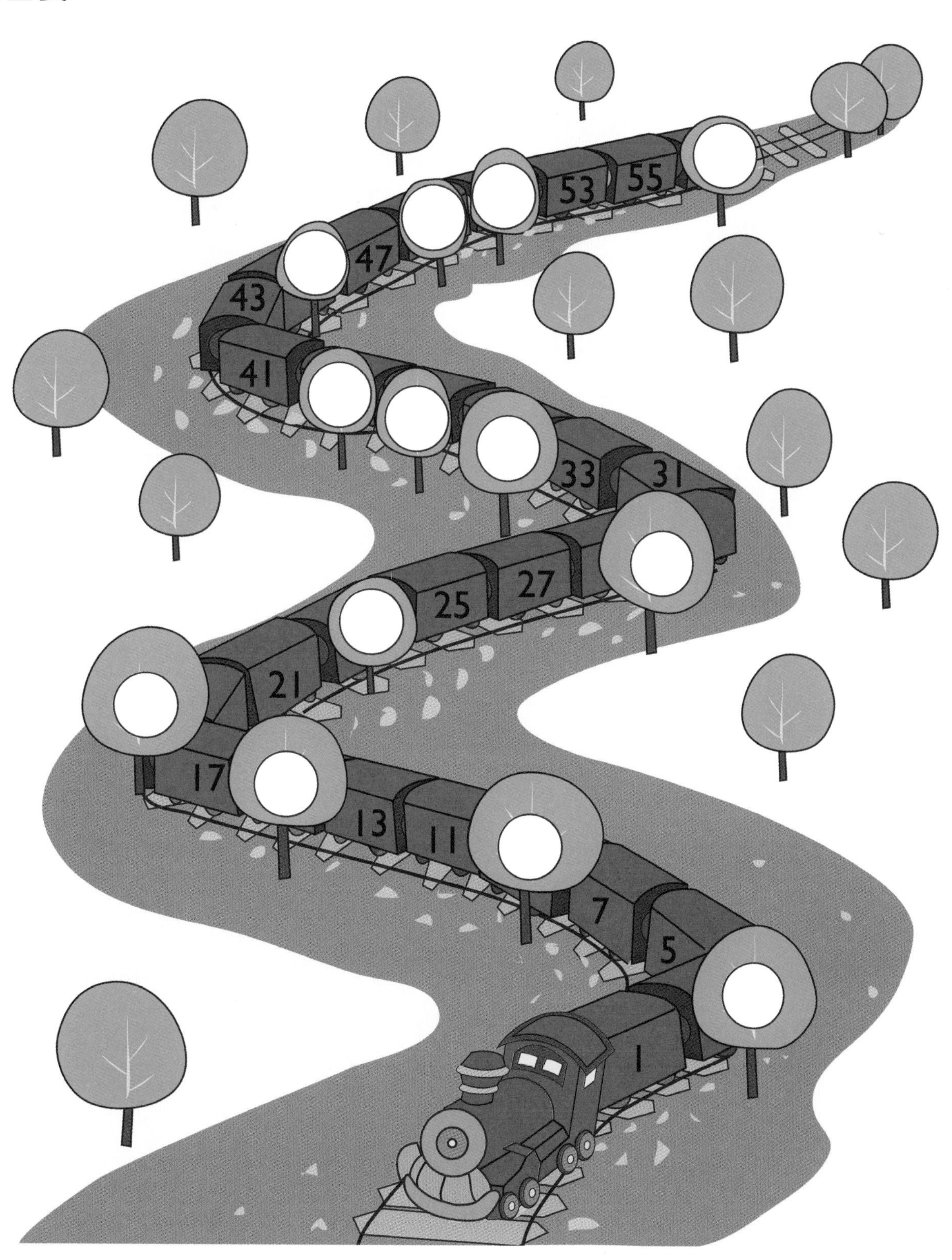

練習 26 小魚逃走了

在 4 個魚缸裏一共有 12 條小魚，其中有 2 條小魚從自己的魚缸跳進了別的魚缸裏，請你找出牠們並圈起來。

跳躍後

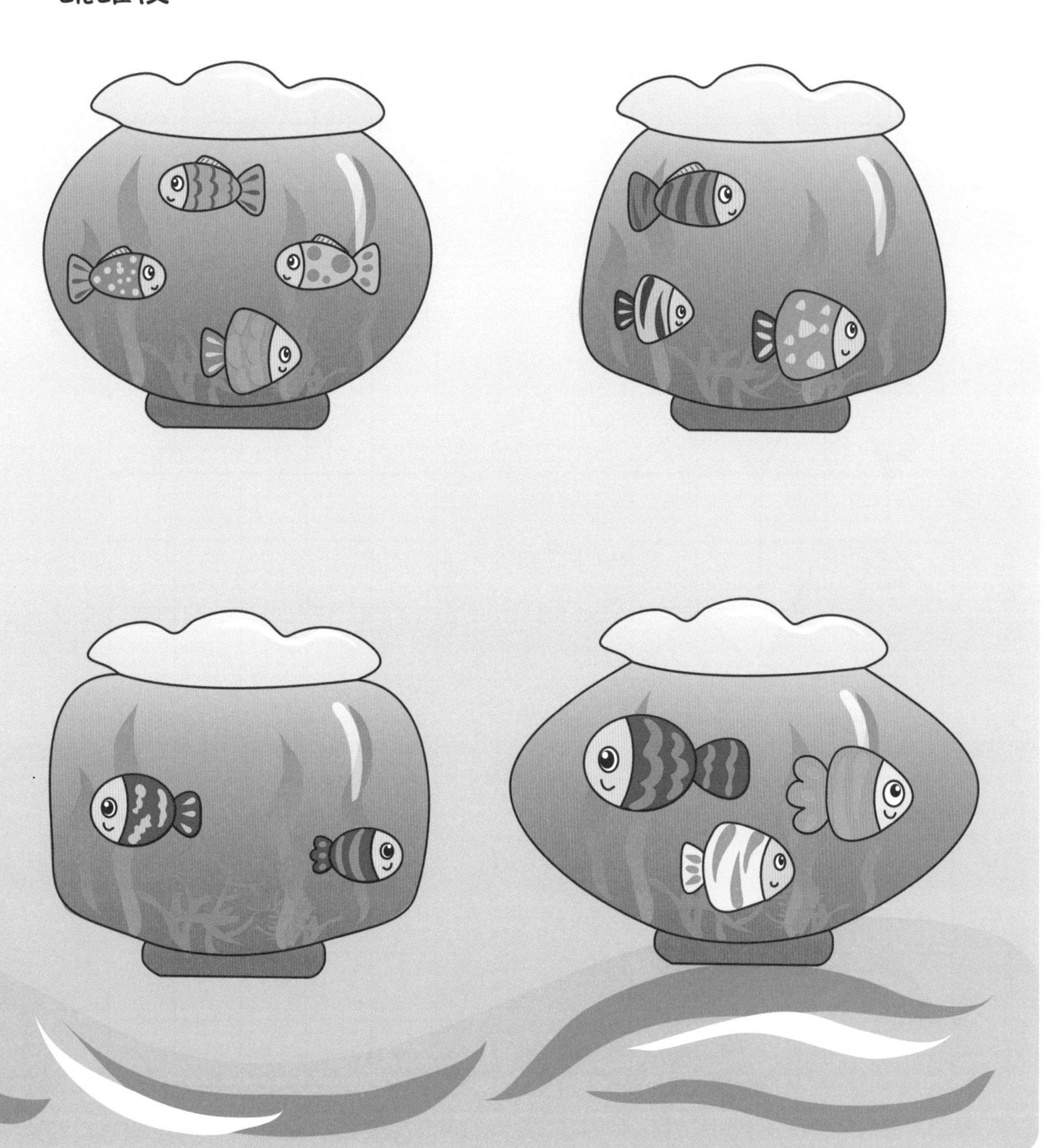

練習 27 邊界畫一畫

請你觀察左圖中顏色在格子裏的位置，然後在右圖中用線畫出顏色在格子裏的正確邊界。

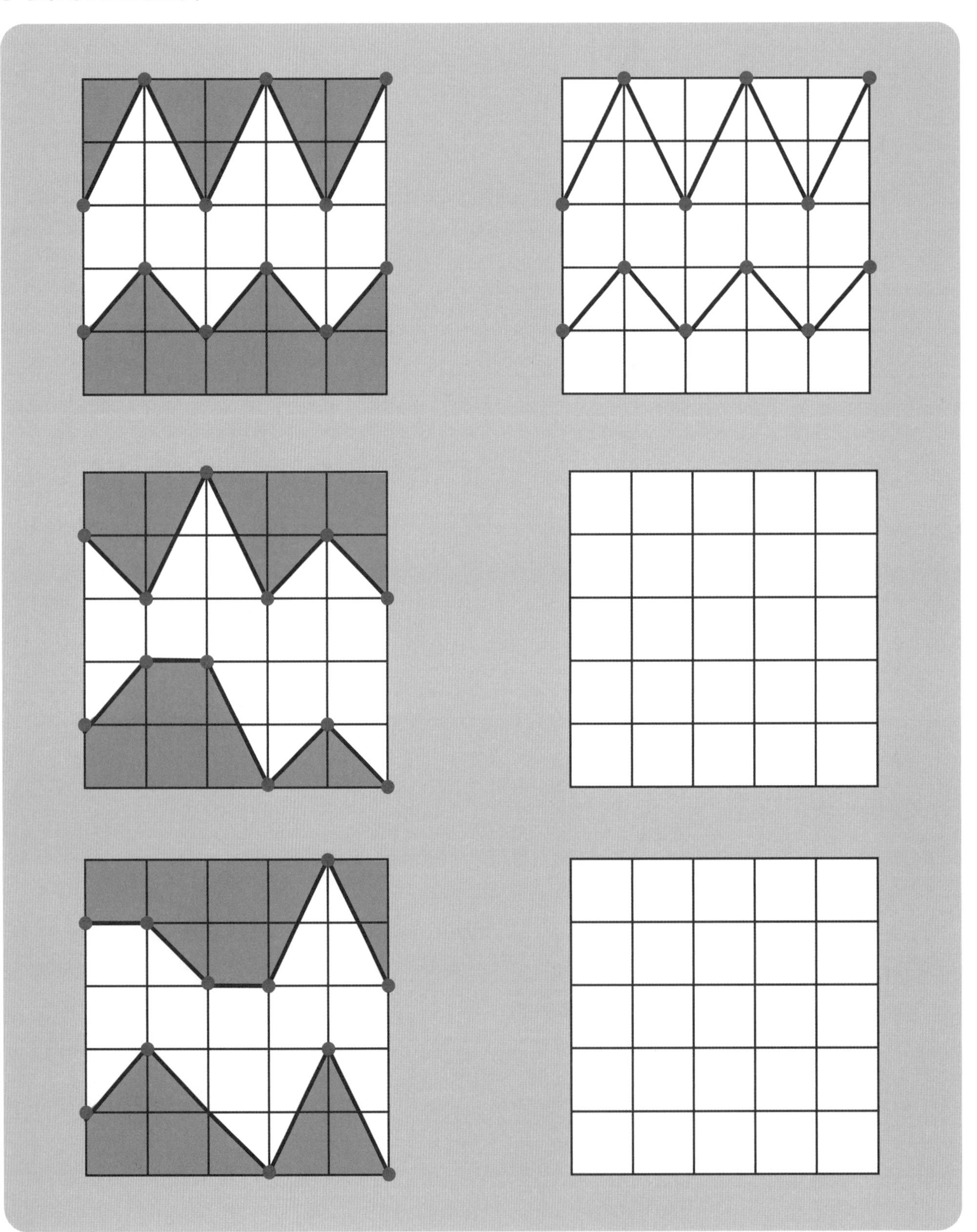

哪些小狗不見了

有 10 隻身上標着 1-10 不同數字的小狗在玩遊戲，有 4 隻小狗藏進了水泥管裏，想一想，這 4 隻小狗身上標的分別是什麼數字，並填在下面的格子裏。

練習 29 哪些青蛙不見了

有 12 隻身上標着 1-12 不同數字的青蛙在池塘裏玩遊戲，有 6 隻青蛙跳進池塘裏不見了，想一想，這 6 隻青蛙身上標的分別是什麼數字，並填在下面的格子裏。

哪些積木能立起來

請你觀察下面這些積木，它們能不能立起來？在能立起來的積木下面的格子裏打 ✔，不能的就打 ✘ 。

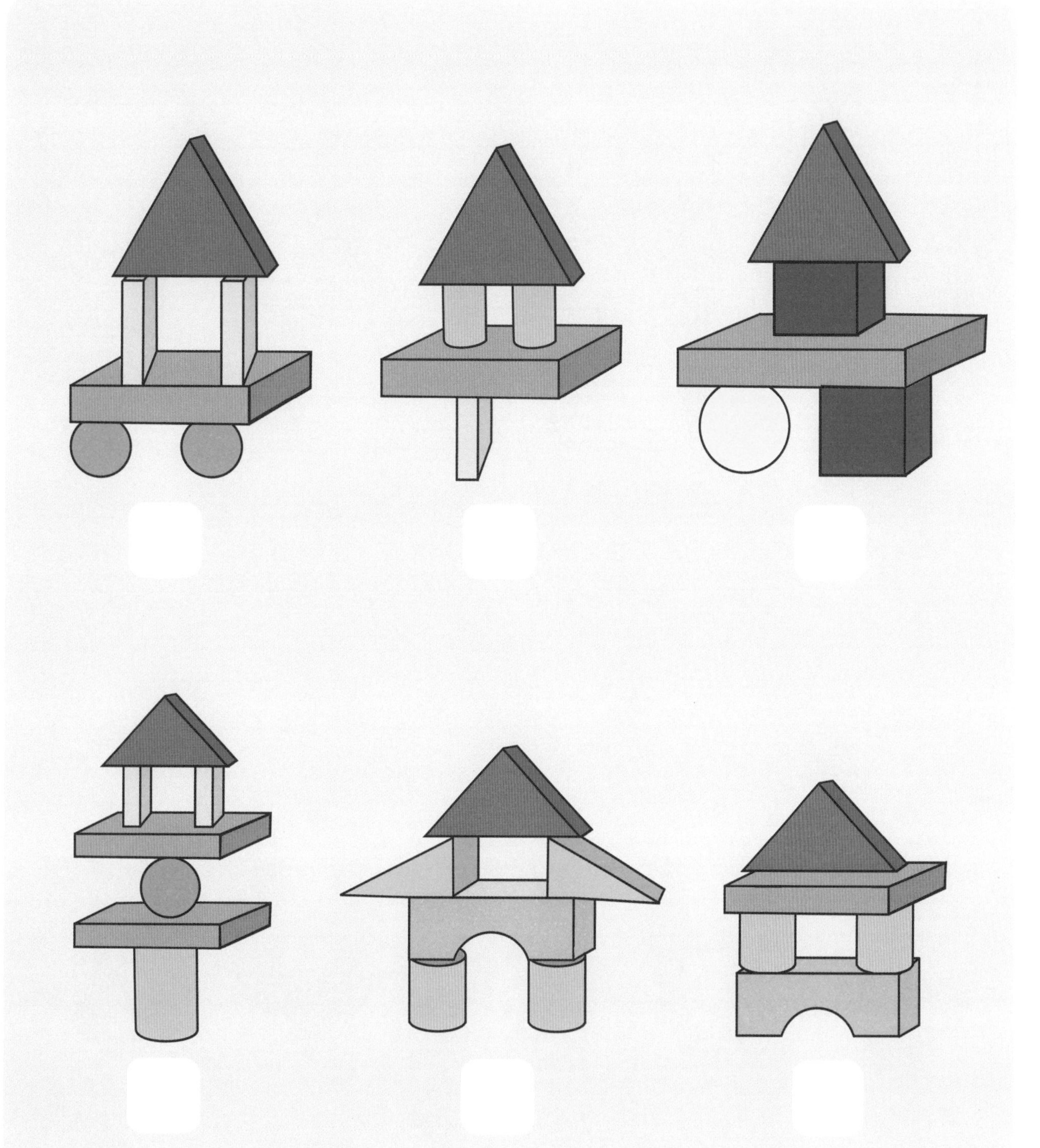

練習 31

找找積木影子

請你仔細觀察第一排的積木和第二排的積木影子，把每一組積木和它的影子連起來。

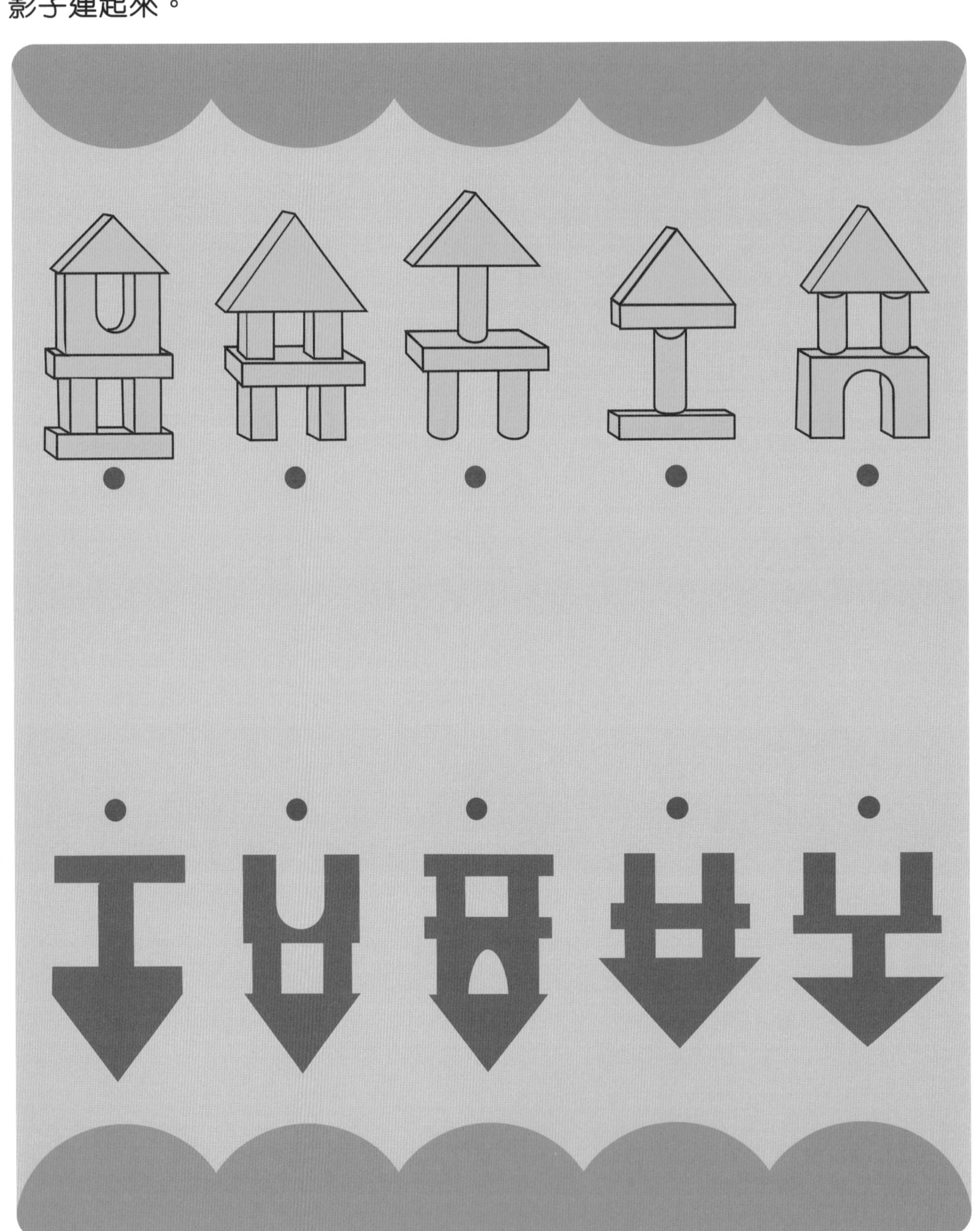

練習 32

球類活動

左邊的這些球類應該分別在右邊的哪種體育場館中進行？請你把它們用線連起來，並說一說它們是什麼體育運動。

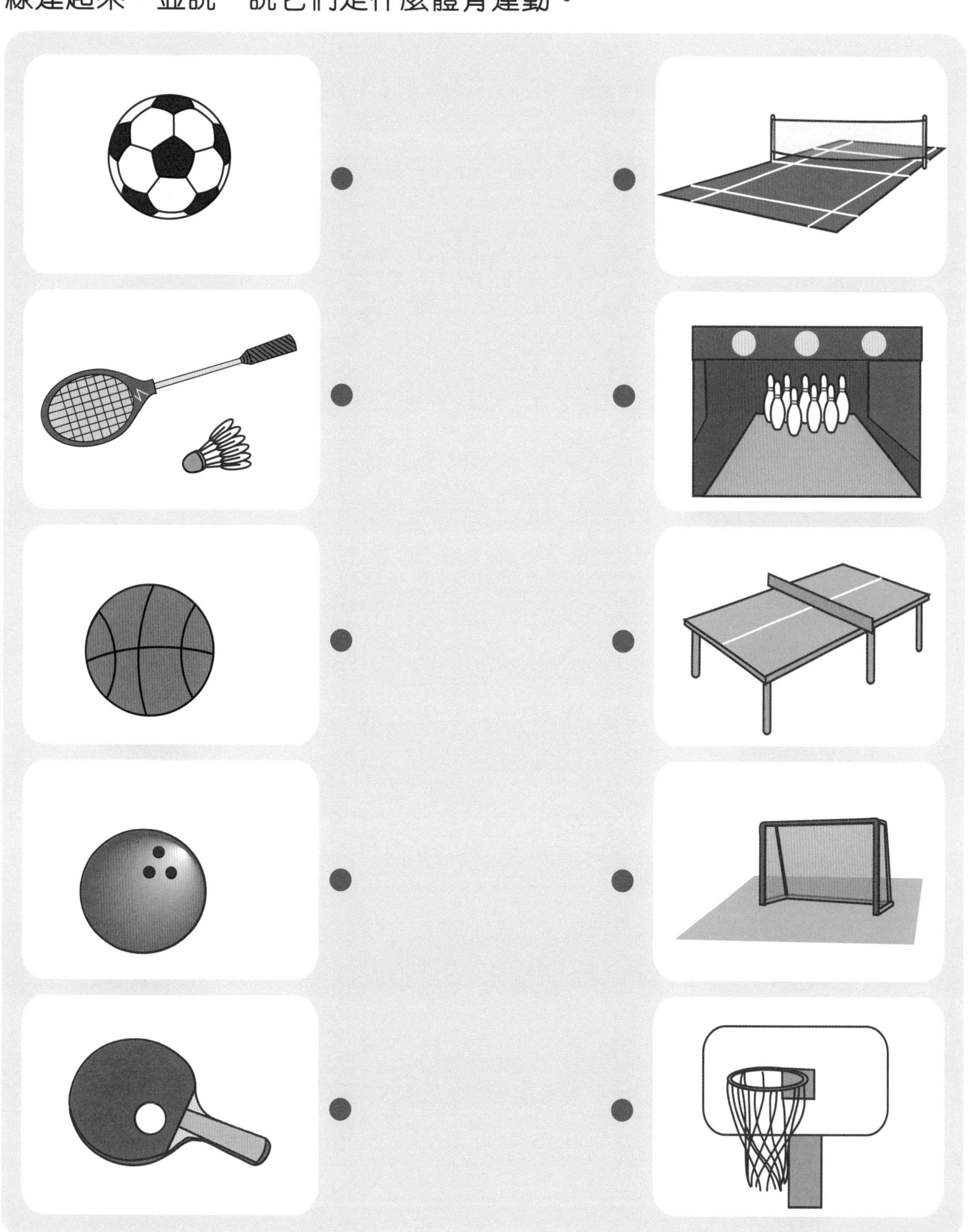

練習 33 配對用途相同的物品(一)

請你把左右兩邊圖中用途相同的物品用線連起來。

配對盒子

左邊的盒子分別和右邊的哪種蓋子對應？請你把它們用線連起來。

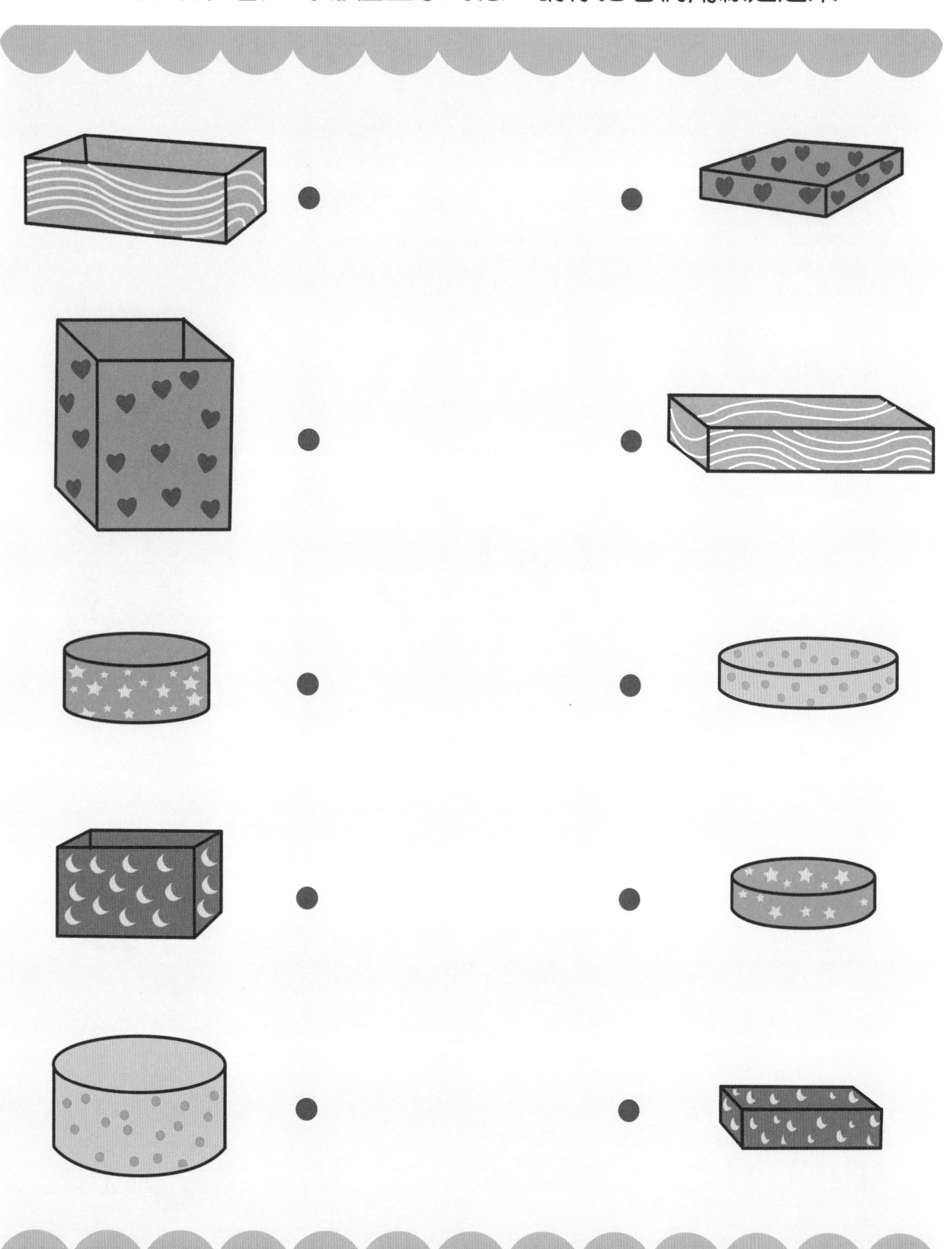

練習 35

配對用途相同的物品(二)

每組右邊的 3 個物品中，哪一個和左邊的物品用途相同？

小貓釣魚

下面兩幅小貓釣魚的圖中，共有 9 處不同，請你找出並圈起來。

練習 37

十二生肖

請你按照十二生肖的順序（鼠、牛、虎、兔、龍、蛇、馬、羊、猴、雞、狗、豬），將下面的動物們身上的序號填寫在格子裏。

練習 38

有多少個水果

下面是 4 組被切成二等份或四等份的水果，請你想一想，在被切開之前每一組有多少個水果？

練習 39 算術題目

動物們正在比賽做算術，有的動物算對了，有的算錯了。請你檢查一下，在算對了的動物身上畫一朵花，然後幫助算錯的動物改正過來。

4+4=7
5+3=8
7-1=6
3+2=1
1+7=8
4+2=8

練習 40

動物們買東西

根據本頁中動物們拿的牌子的算式，算出牠們各自的零用錢。如果牠們要買相同價格的商品，判斷動物們能用自己的零用錢買到什麼東西。

10元
19元
7元
13元
15元
16元

練習 41

相同的圖形

在下面的 5 組圖中，各有 2 個圖形是一樣的，請你把它們圈起來。

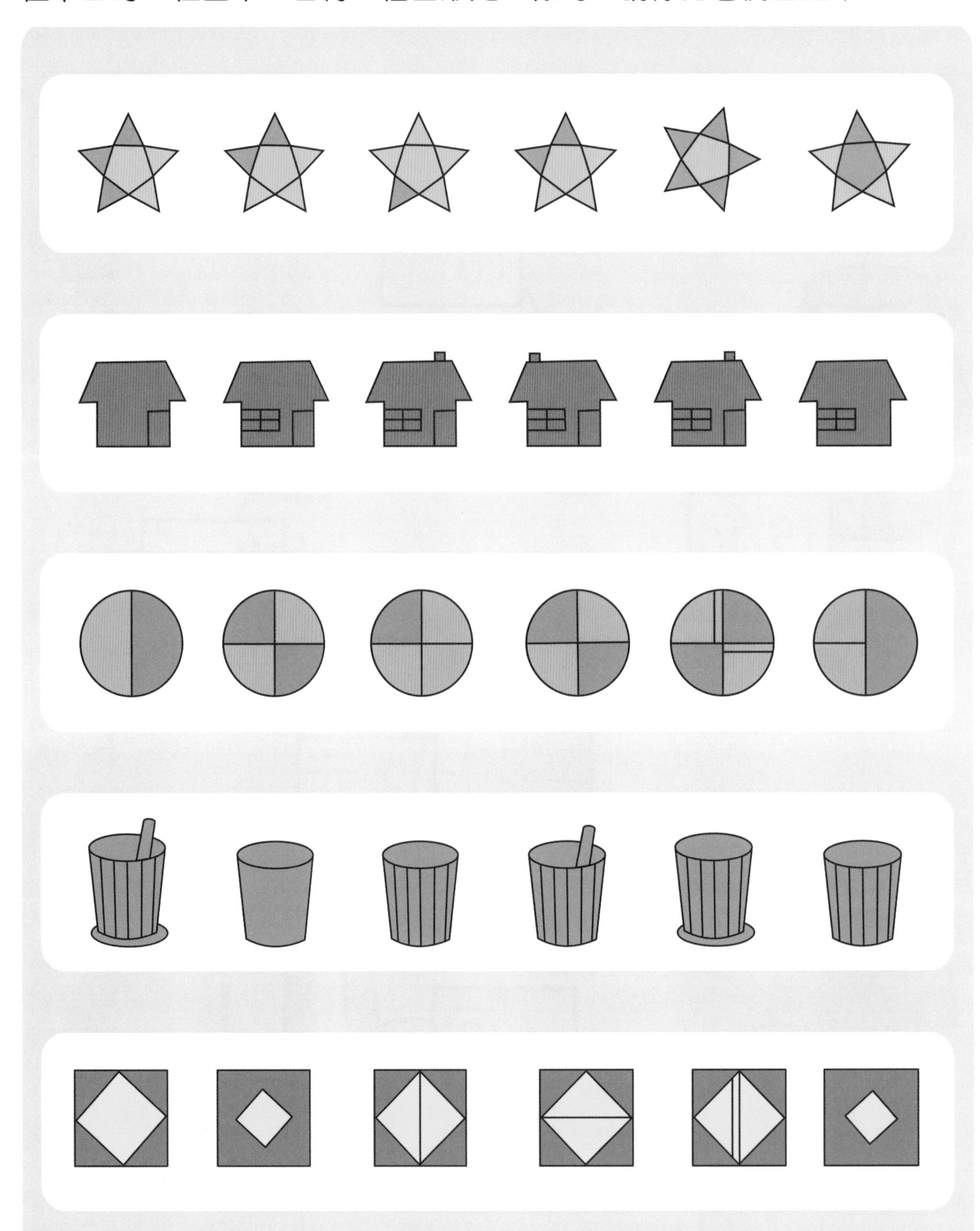

練習 42

補畫圖形(一)

請你比較下面每組 2 個圖形，然後依照左邊的圖形，把右邊的圖形缺少的部分畫出來。

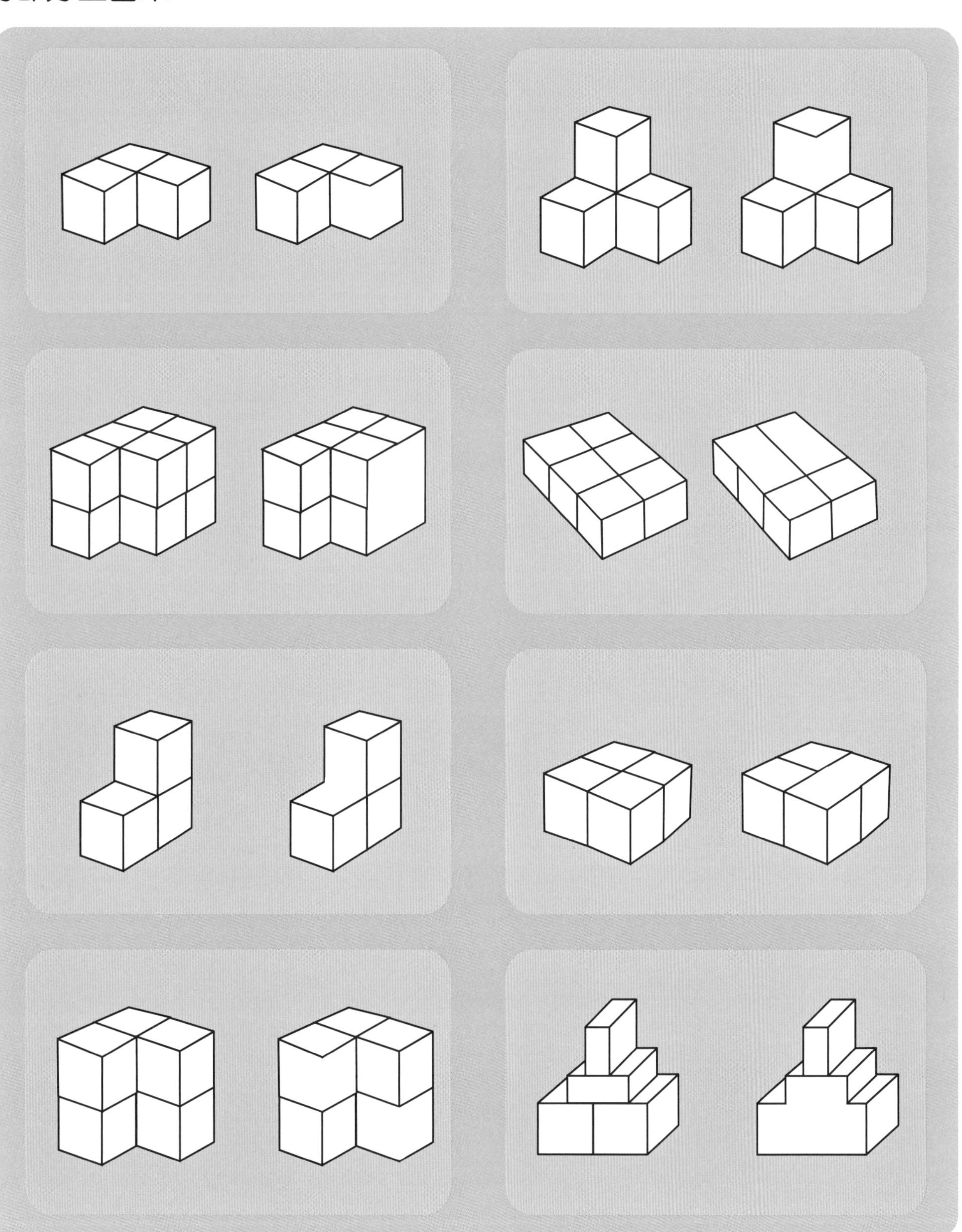

補畫圖形(二)

請你比較下面每組 2 個圖形，然後依照左邊的圖形，把右邊的圖形缺少的部分畫出來。

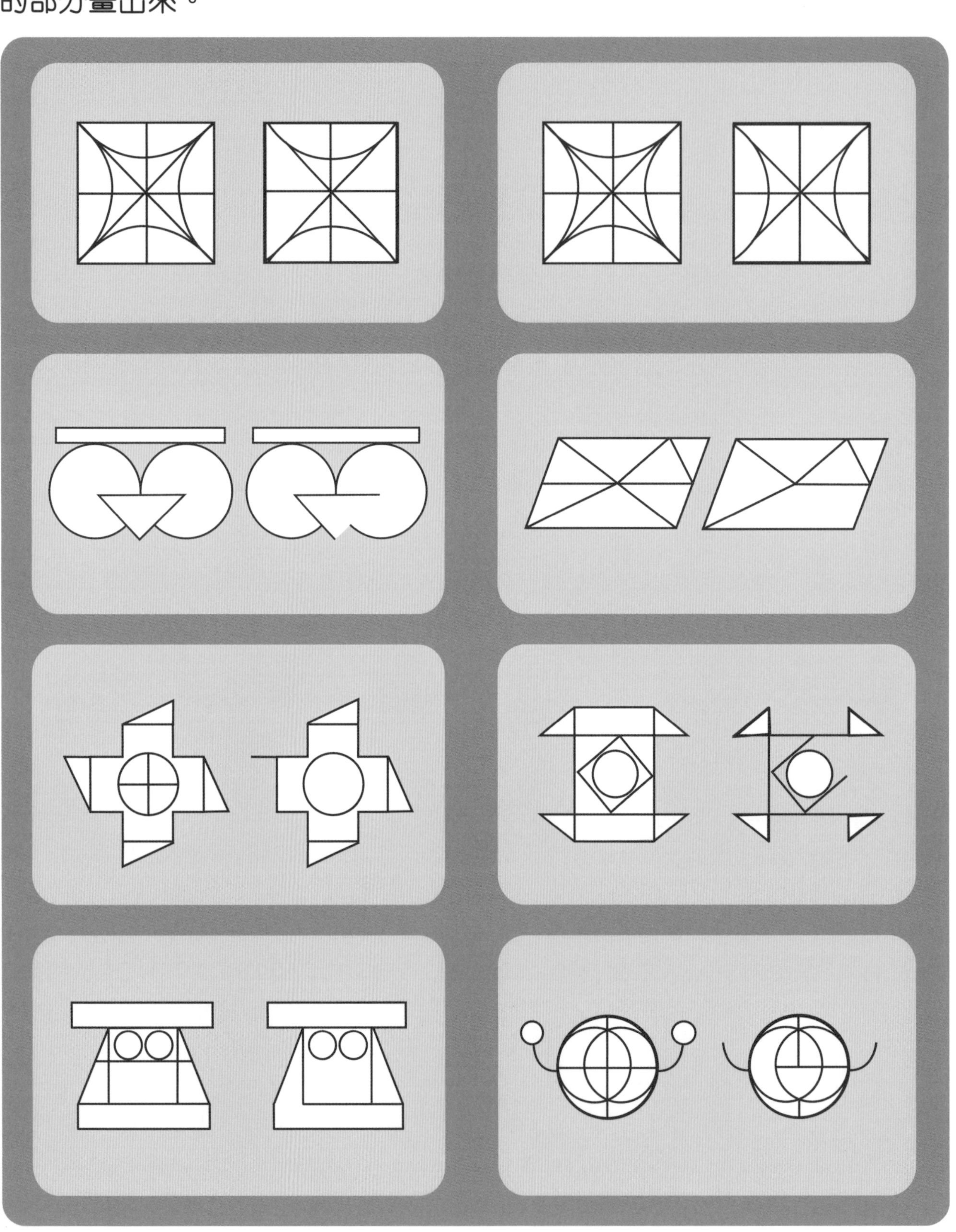

練習 44

一雙一對的蜜蜂

這幅圖中一共有多少對一樣的蜜蜂？請你給這些蜜蜂配一配對，並把答案寫在格子裏。

練習 45

動物買水果

請你看看本頁中每種水果的價格，再看看下一頁中每個動物買的水果種類和數量，算一算，動物們買這些水果分別花了多少錢，並把數字填在格子裏。

判斷能力

一共花了 元。
一共花了 元。
一共花了 元。
一共花了 元。
一共花了 元。
一共花了 元。

練習 46

星星和足球

每直行和每橫列應該有 1 顆星星和 2 顆足球，請觀察以下圖，在正確的格子裏畫出缺少的物品。

組合圖形

在圖形（1）-（6）中，哪兩個組合在一起能拼成上面的圖形？請你把它們圈起來。

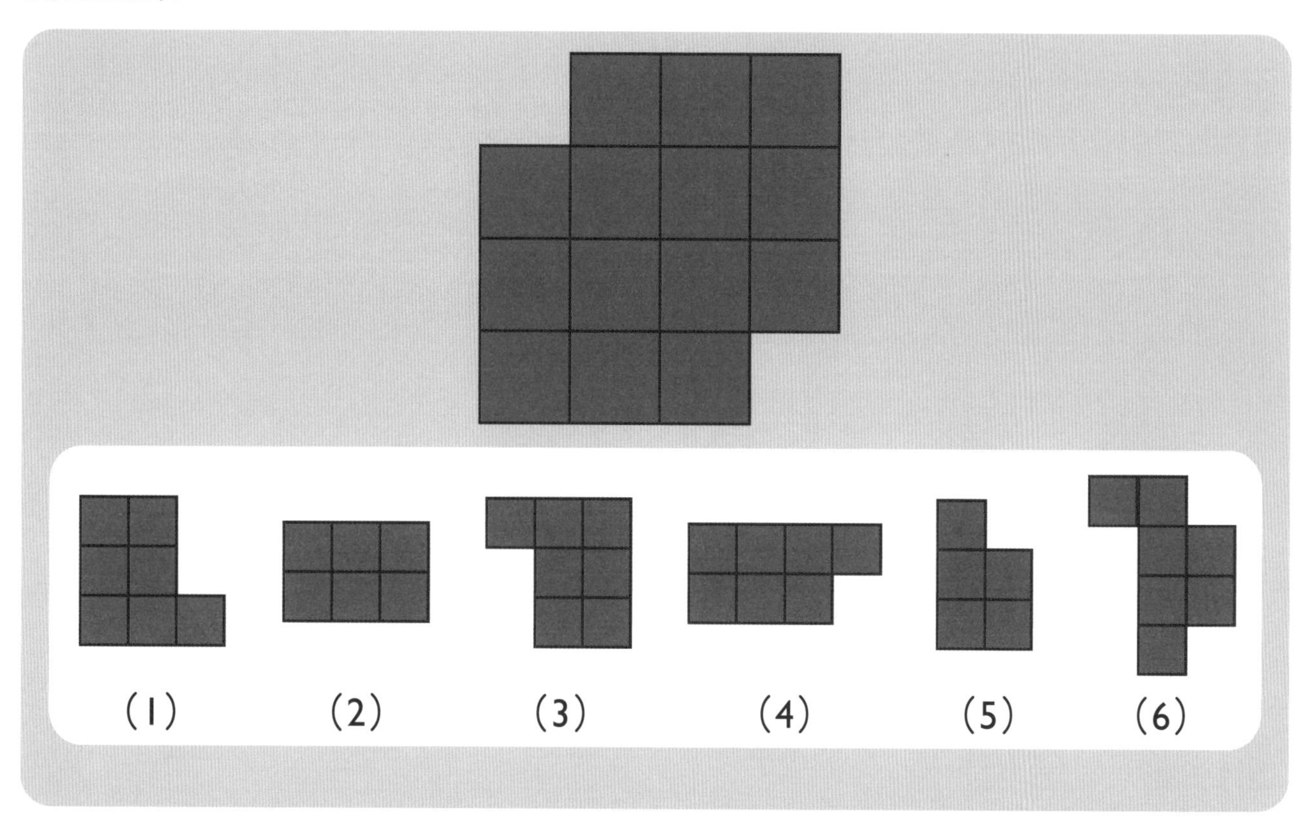

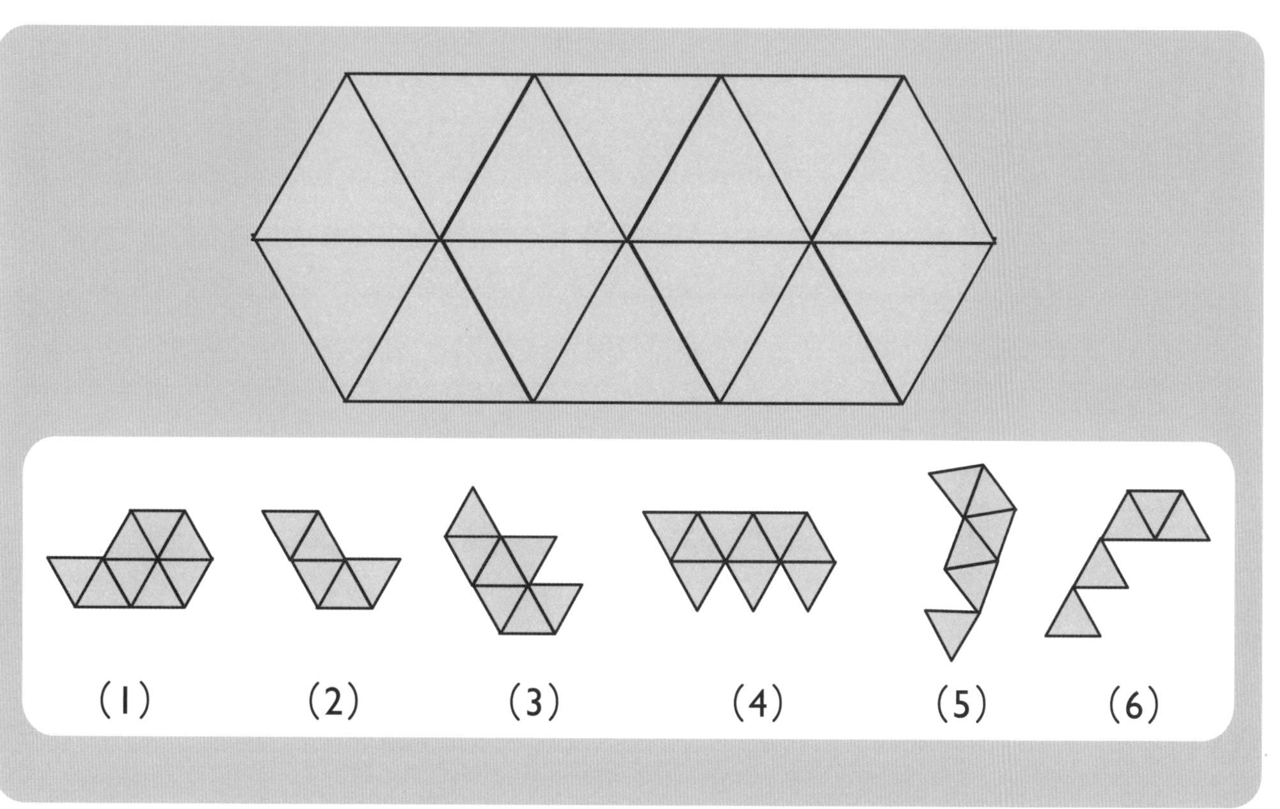

折疊圖形

想一想，如果把左邊的紙按照虛線折疊之後，會是右邊 3 種圖形中的哪種樣子？請你把它圈起來。

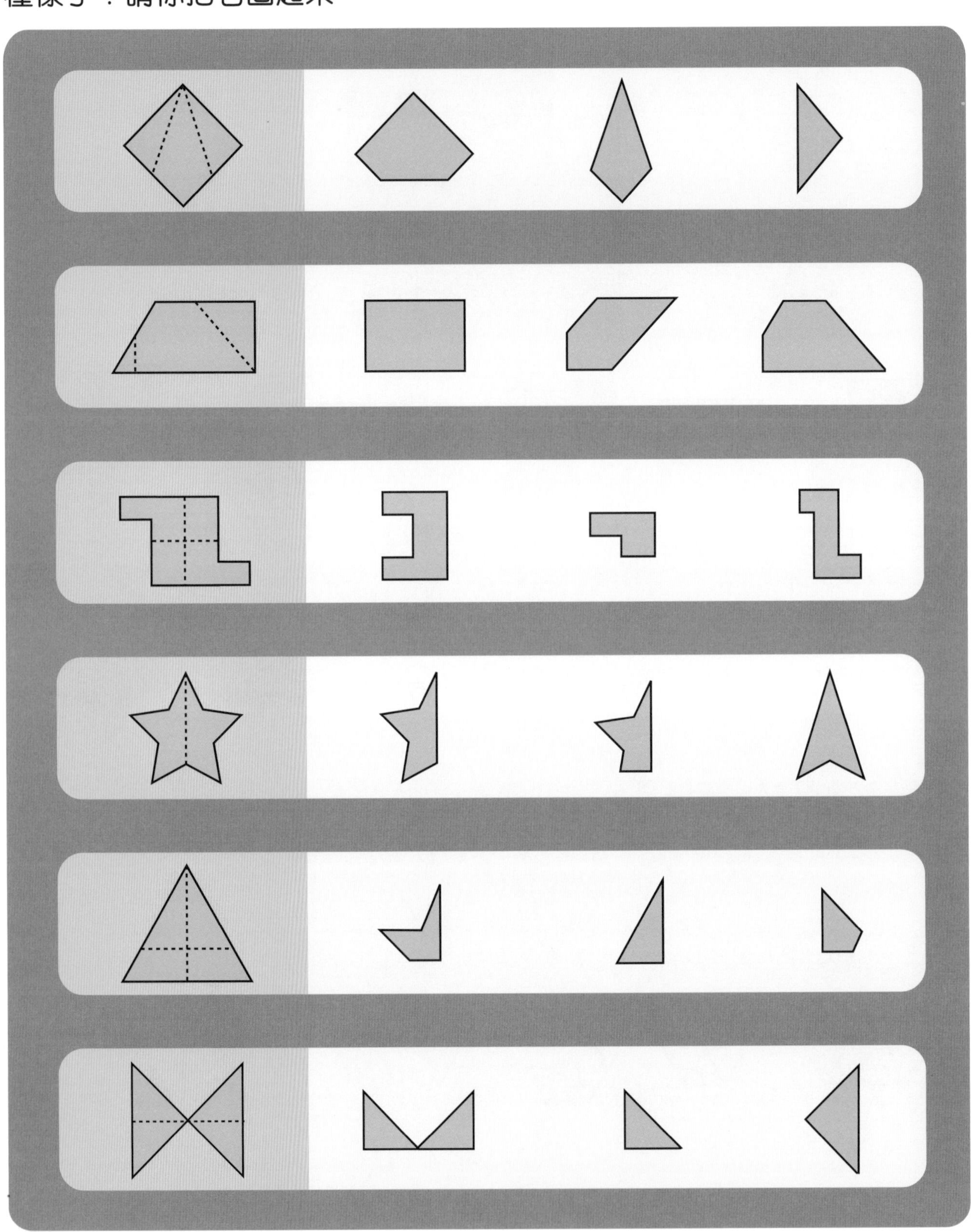

立體形狀

想一想，如果從上面的角度看左邊的立體形狀，會是右邊 4 種圖形中的哪種樣子？請你把它圈起來。

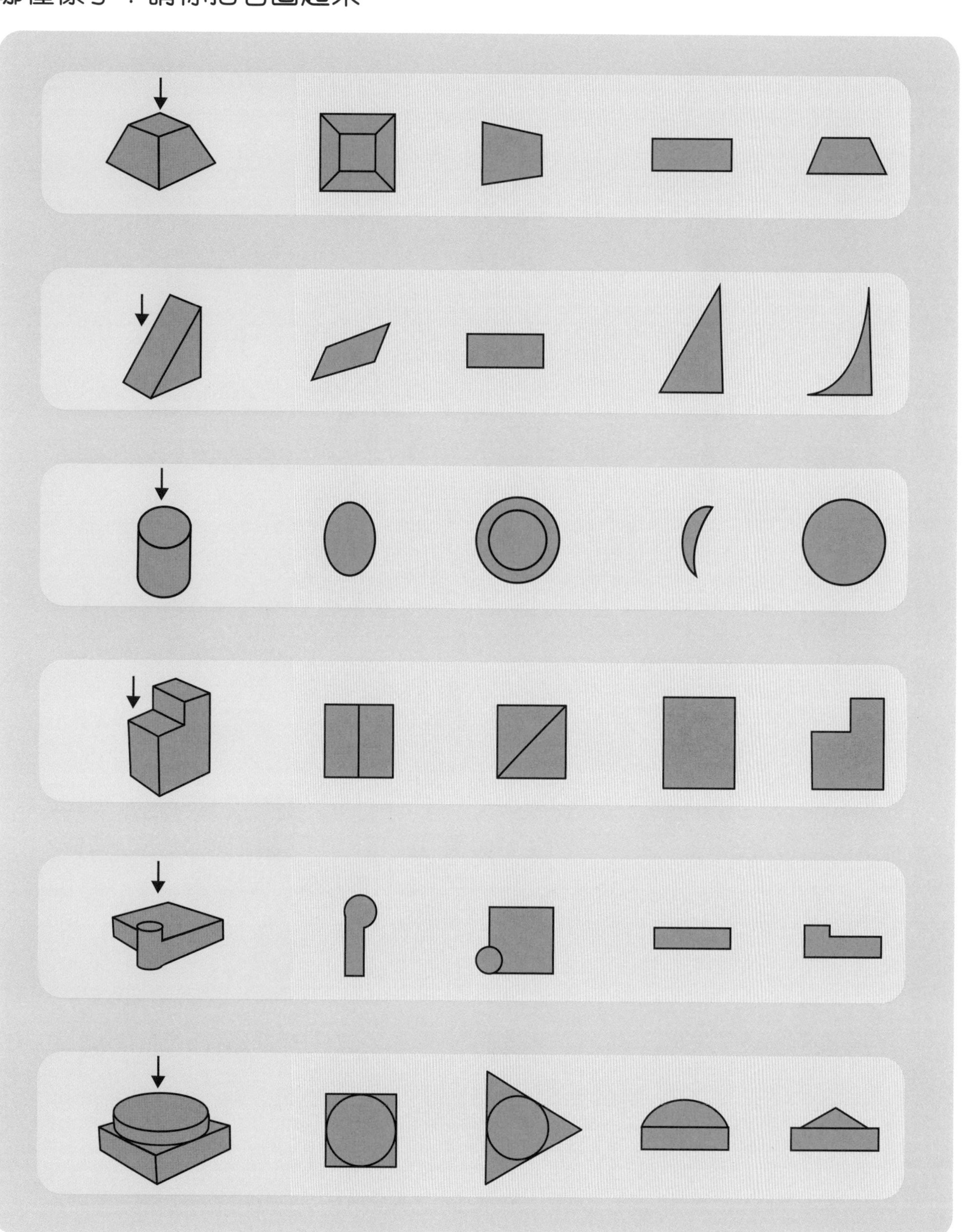

是哪個圖形

下面的這些圖形大部分都出現了兩次，只有一種只出現了一次，請你找到它並圈起來。

練習 51

找找相同的圖形

下面 4 組圖形中，各有 2 個圖形是一樣的，請你找出它們並圈起來。

練習 52

配對圖形

請你在下面每組右邊的 4 個圖形中，找到和左邊一樣的圖形並圈起來。

練習 53

圖形組合

請在每組找出組成圖形大小、形狀、數量都一樣的 2 個圖形並圈起來。

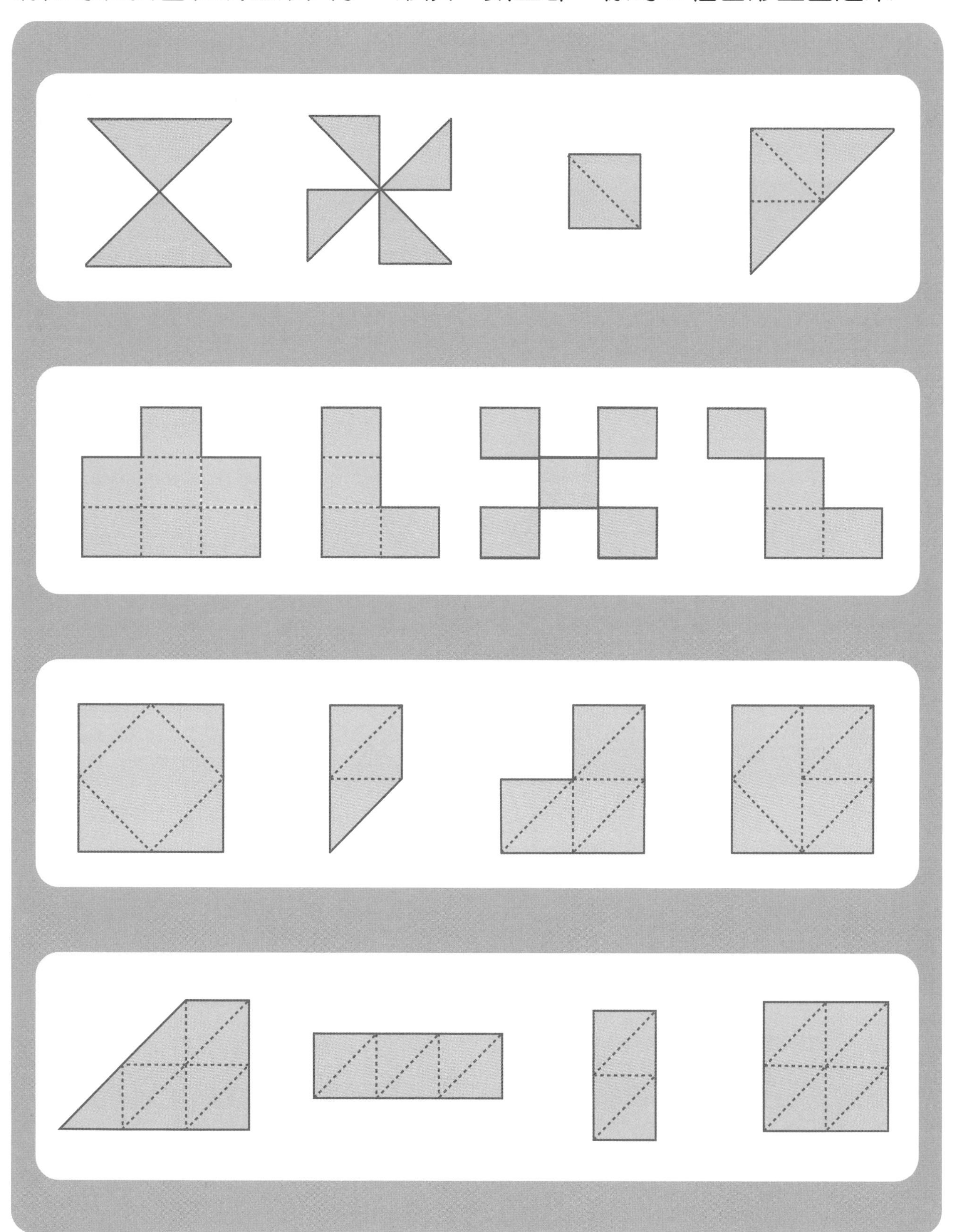

練習 54

找出不一樣的圖形

在下面的 4 組圖形中，分別有 1 種和其他 3 種不一樣，請你找出來並說一說為什麼。（提示：可以有多種答案。）

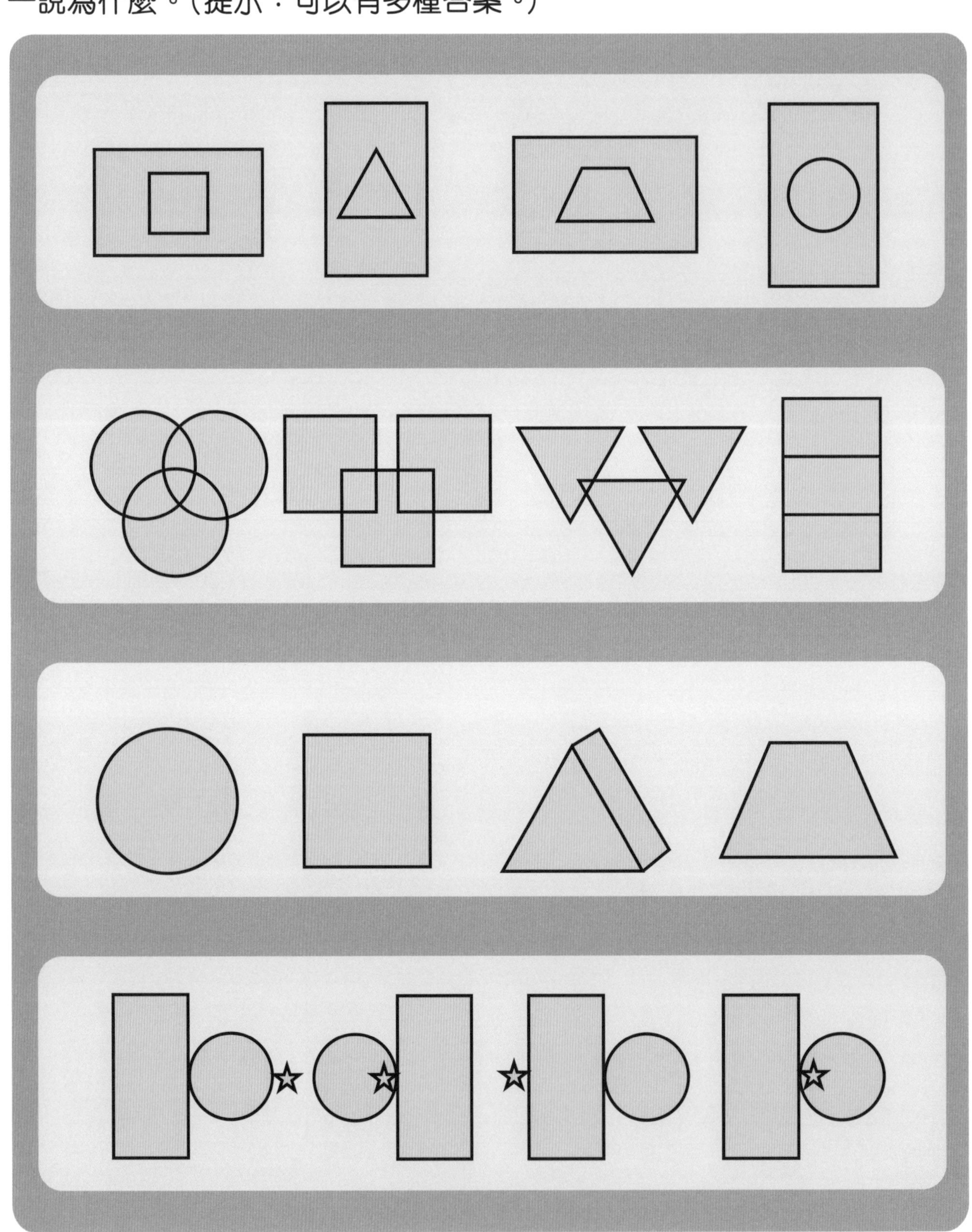

練習 55

找出不一樣的表情

下面的人物表情中，有 1 個和其他 8 個都不一樣，請你把它圈出來。

練習 56

從寫信到收信

請你按照從寫信到收信的過程，給下面 6 幅圖示上 1，2，3，4，5，6。

動物格子

觀察圖中動物的出現規律，想一想，在空白的格子裏，應該出現的是下圖中的哪種動物，並將相應的數字填寫在格子裏。

1　2　3　4　5

圖案的變化規律(一)

觀察每排前 2 個圖案的變化規律，如果後 2 個圖案也按照同樣的規律變化，格子裏應該是（1）-（4）中的哪個圖案？請你把它圈起來，並畫在格子裏。

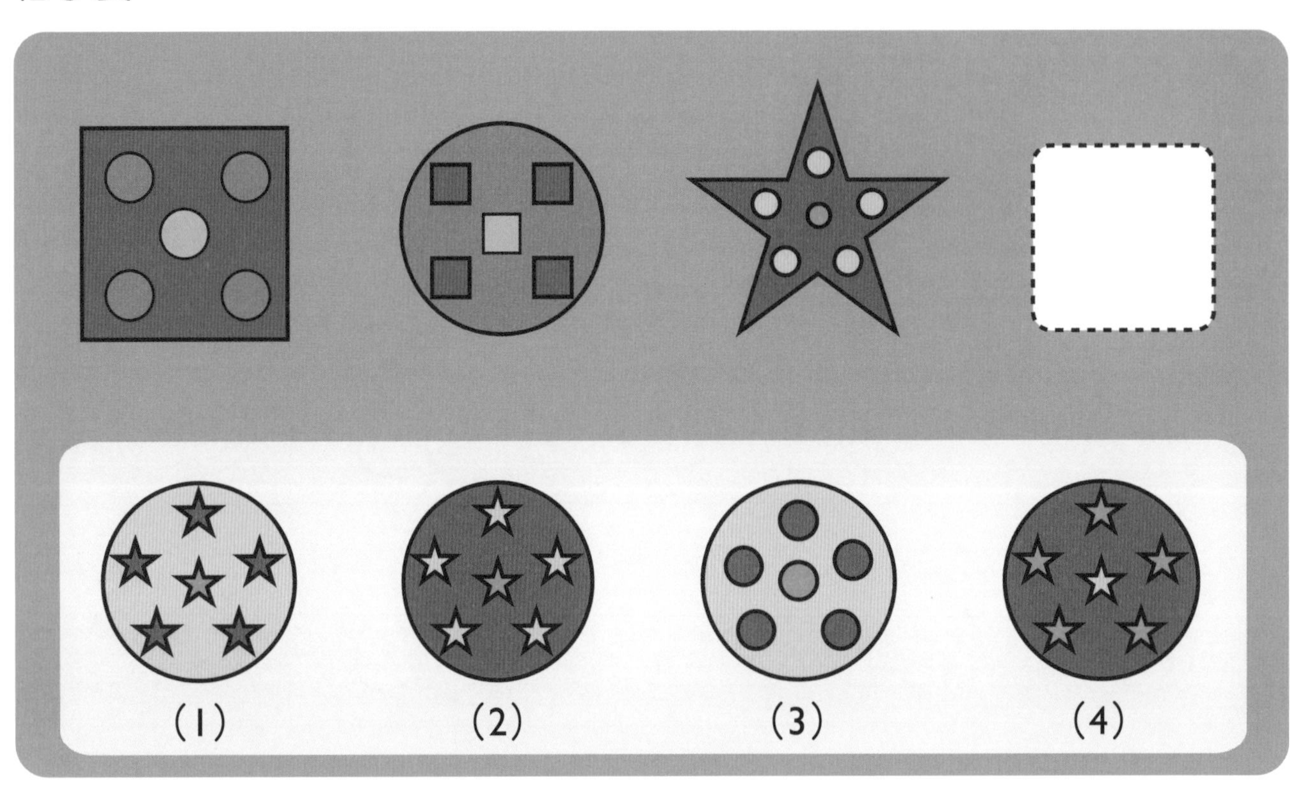

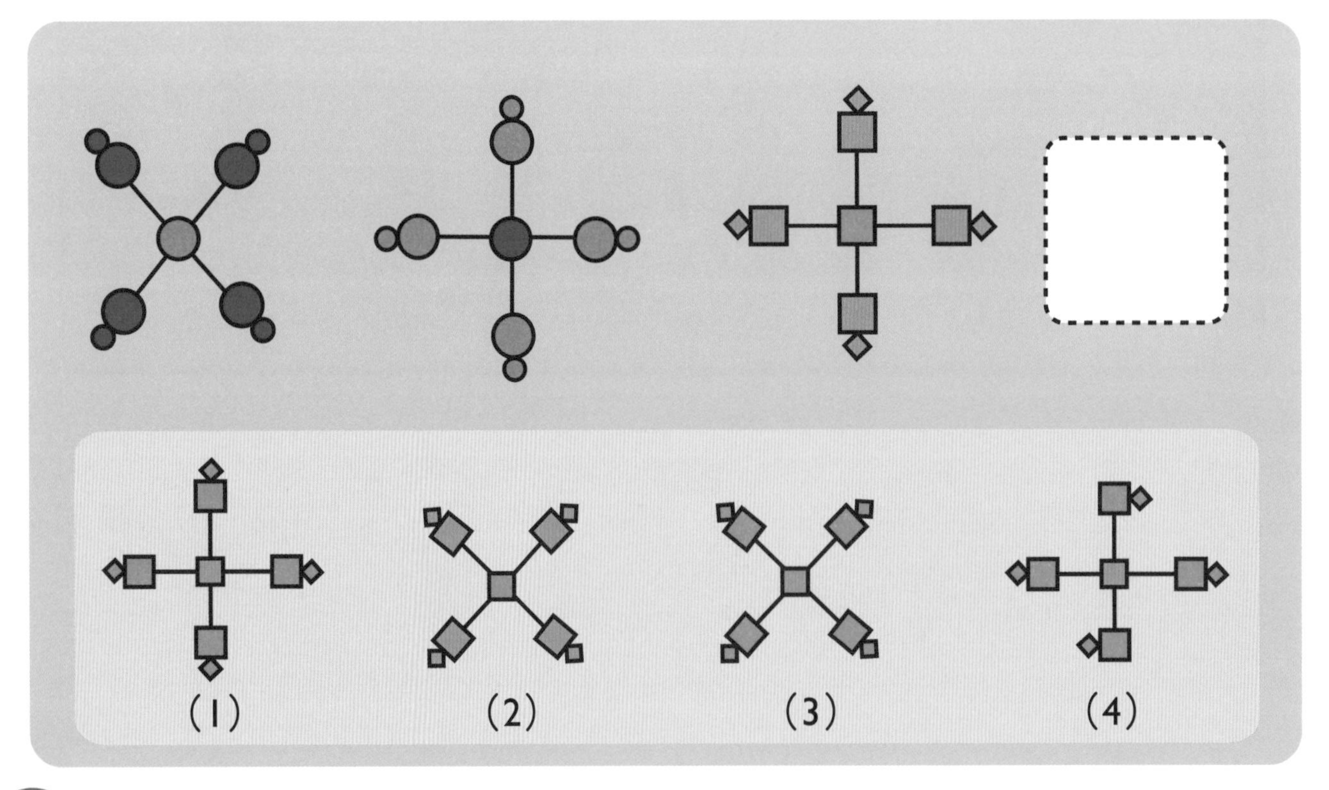

圖案的變化規律(二)

請你觀察下面這些圖形的變化規律，在空白的格子裏畫上符合規律的圖形並塗上顏色。

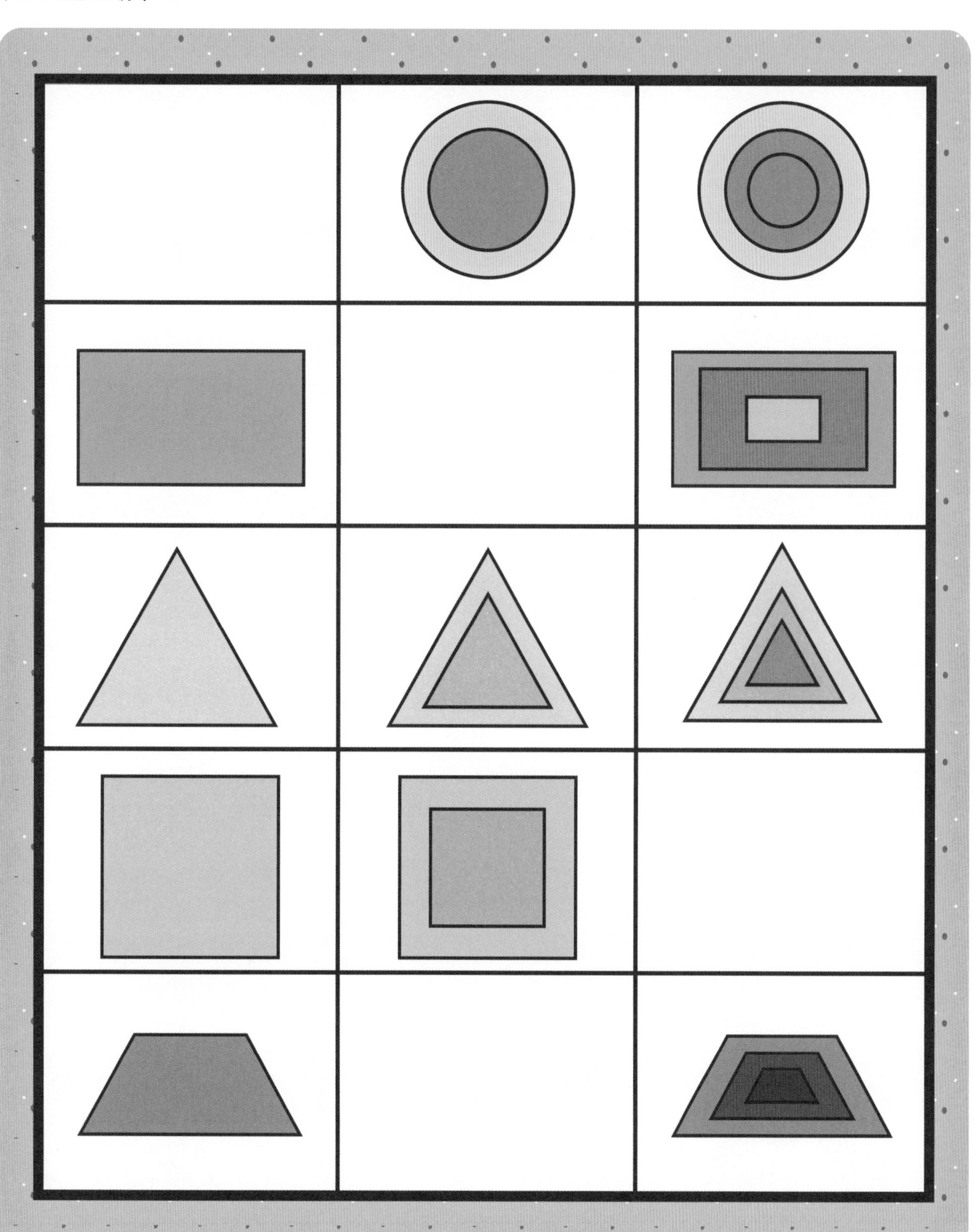

練習 60

花朵的花瓣

請你給下面這些花朵的花瓣填上數字，使每片花瓣上的數字相加後是花心上的數字。

表情圖案

下面 2 組表情圖案中，都有 1 個的轉動規律和其他 4 個的不一樣，請你把轉動規律不一樣的表情圖案圈出來。

練習 62 娃娃的規律

請你仔細觀察下圖中 3 種娃娃的出現規律，並在空白處畫出缺少的娃娃。

練習 63

表情圖案的規律

觀察下面這 3 組表情圖案的規律，想一想，(1) - (3) 中哪個圖案符合這種規律，可以接着排，請你把它圈起來。

(1) 
(2) 
(3) 

(1) 
(2) 
(3) 

(1) 
(2) 
(3) 

練習 64

西瓜和蘋果

請你按照下面 6 組圖中西瓜和蘋果的排列規律，在每組後面的橫線上接着給西瓜和蘋果排隊，並說一說它們是按照什麼規律排列的。

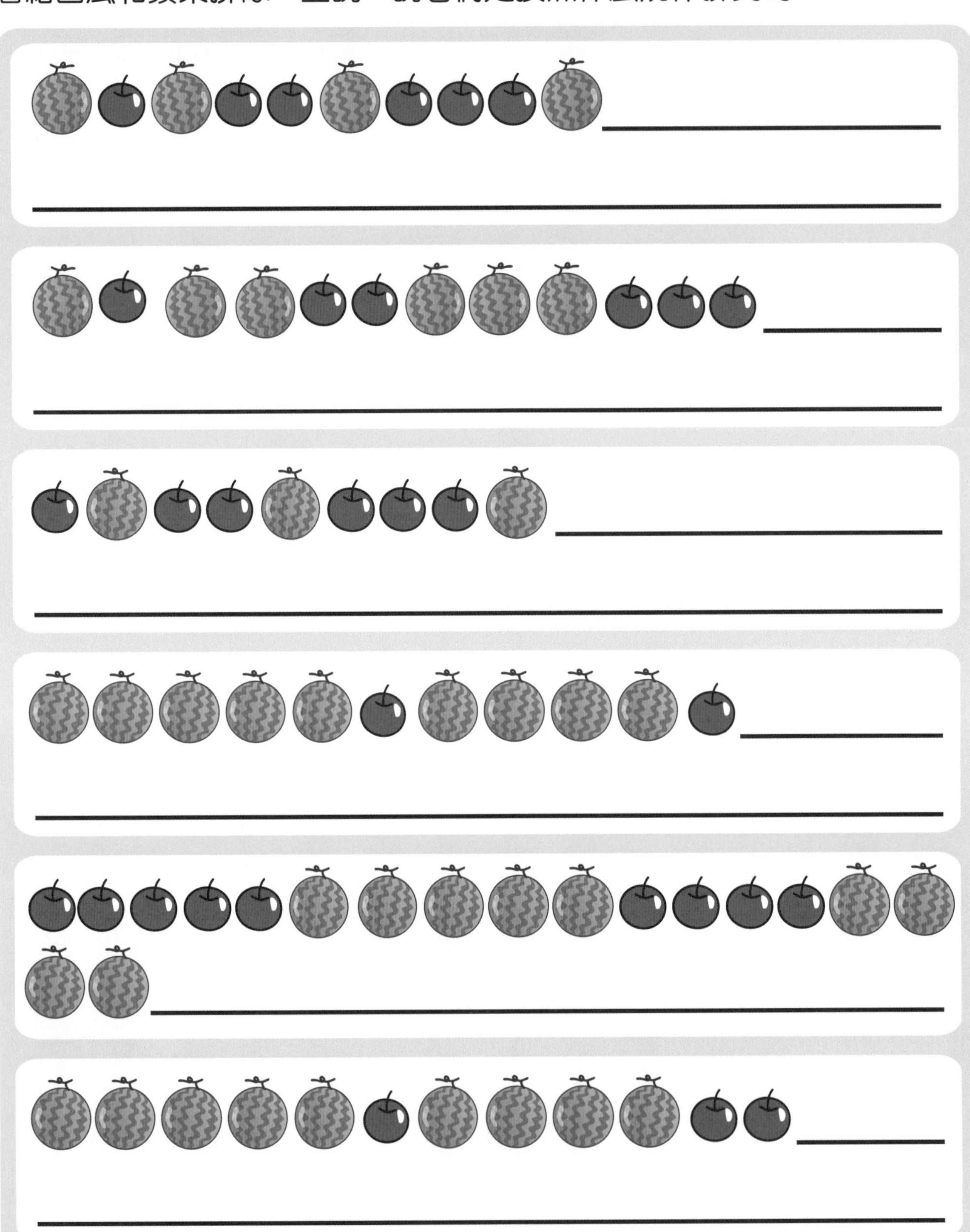

星星和花朵

請你觀察下面 3 組圖形的變化規律，並按照這個規律將每組圖形補畫完整。

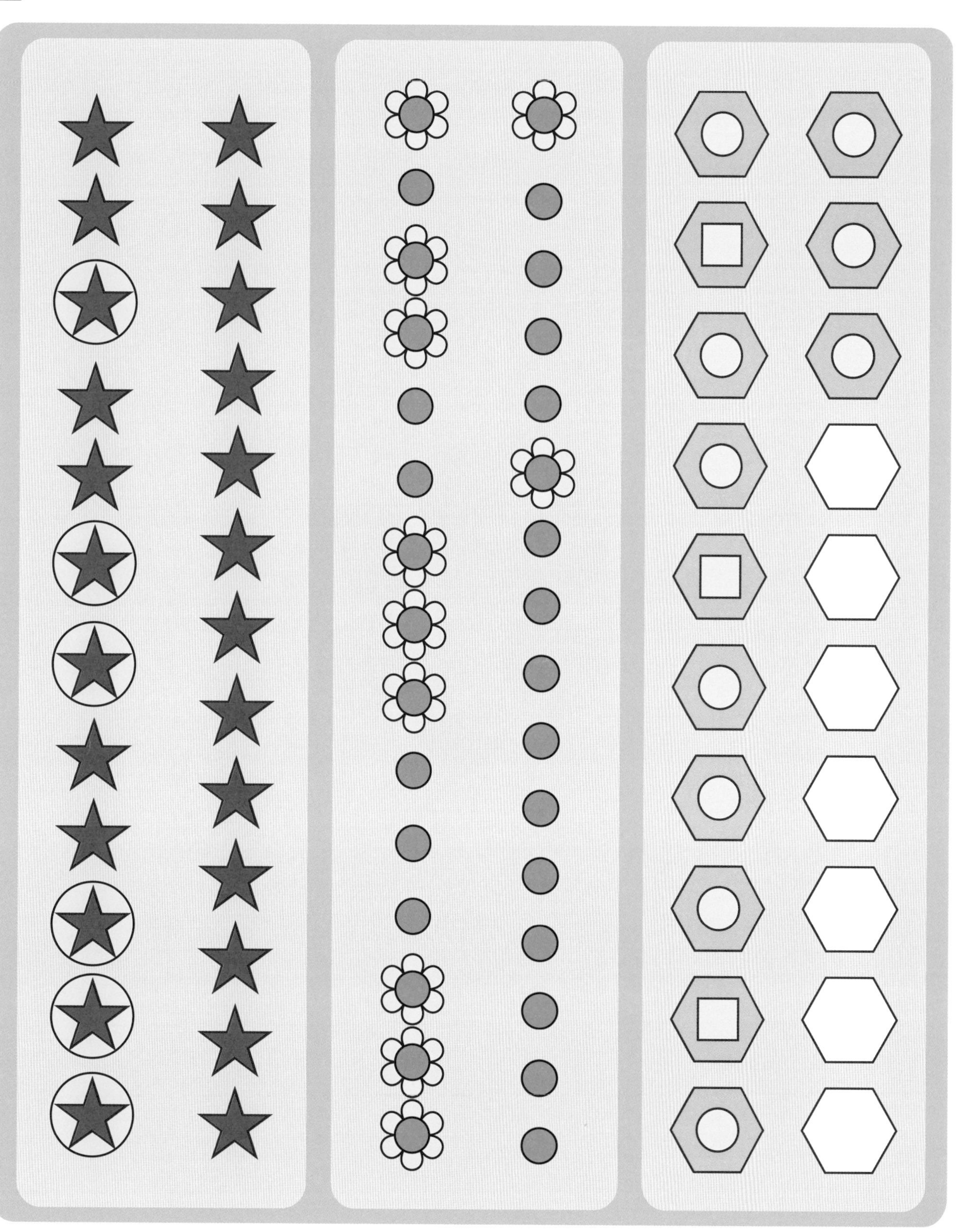

美麗的花兒

請你選擇 2-3 種顏色的彩筆，把下面這些花按一定規律塗上顏色。

蘿蔔田迷宮

小兔子要穿過下面這個迷宮才能走到地裏去拔蘿蔔，請你幫牠把路線畫出來。

蘋果園迷宮

小刺蝟要怎樣才能走出迷宮吃到蘋果呢？請你幫牠把路線畫出來。

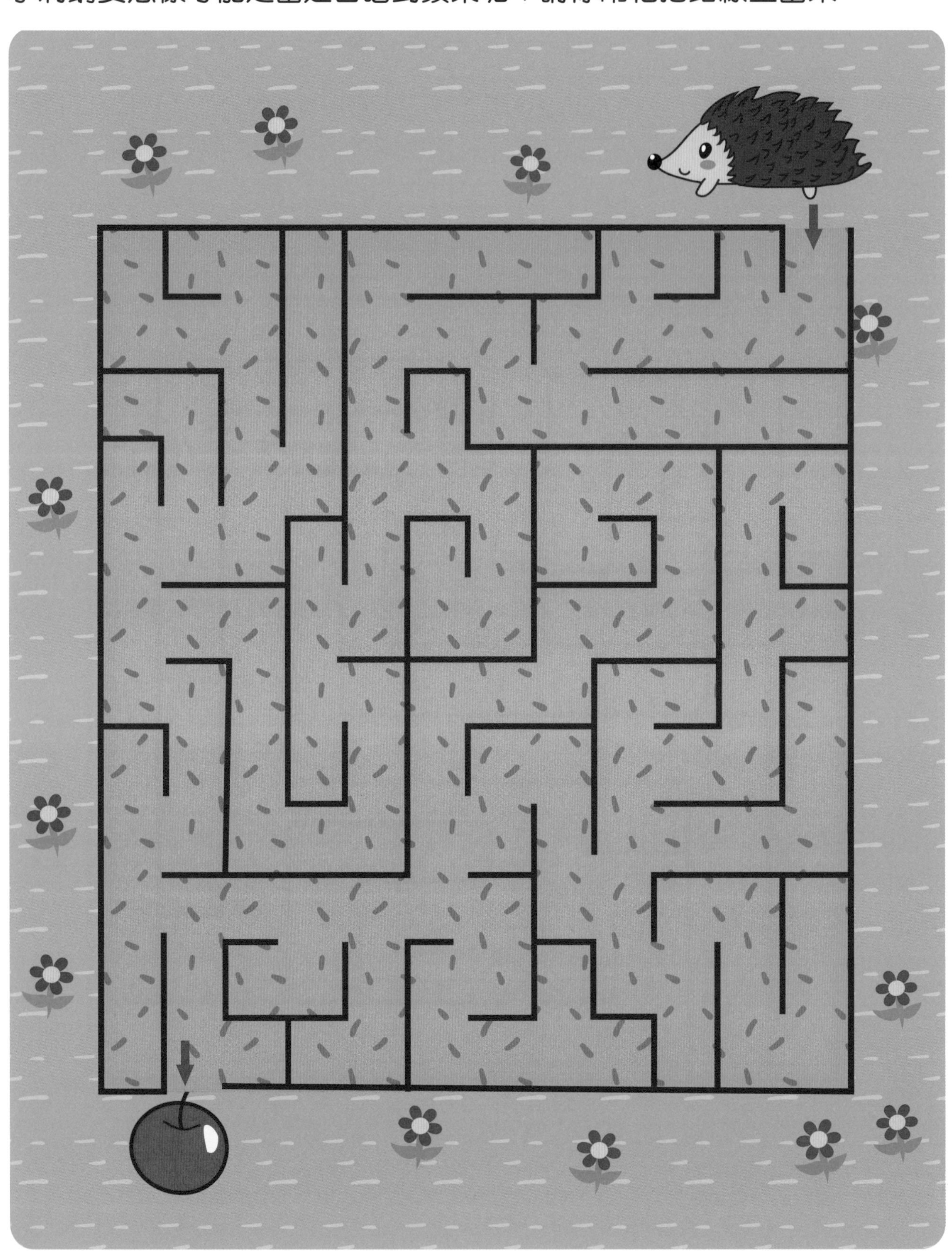

帶小羊回家

小羊玩累了，請你幫助牠畫出回家的路。

練習 70

帶猴子吃桃子

要想吃到桃子，猴子就要從答案是 10 的路口通過，請你快幫牠畫出正確的路線。

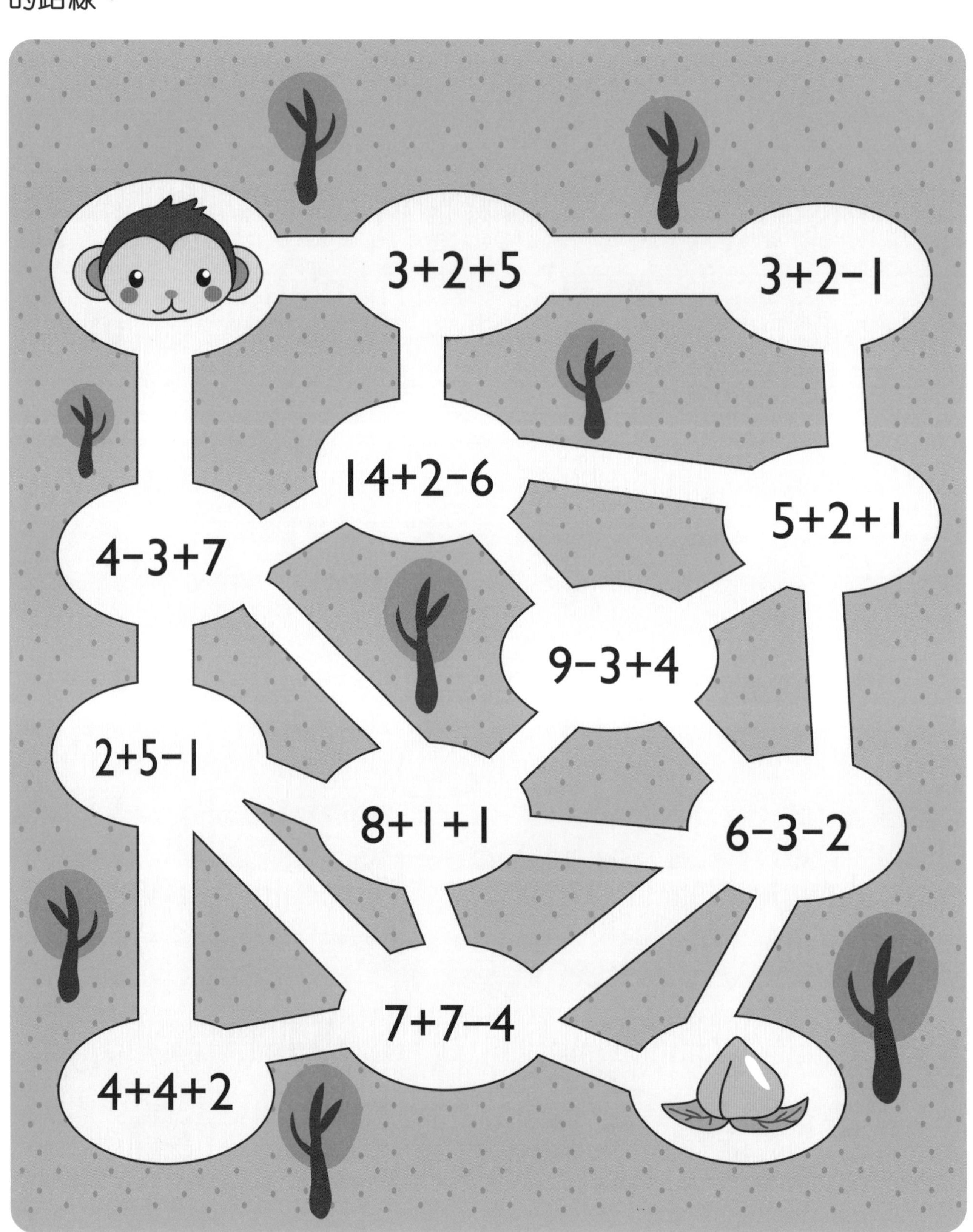

練習 71

帶小馬找小羊

小馬要到河對岸去找小羊玩，但是只有答案是 12 的踏板才是安全的，請你幫牠畫出正確的路線。

練習 72

還欠多少個蘋果

請你數一數每一行中左邊盤子裏蘋果的數量，想一想它們還差多少就是 10 個，然後在右邊的盤子裏畫出所差的蘋果，並分別在右邊的格子裏寫出正確的數字。

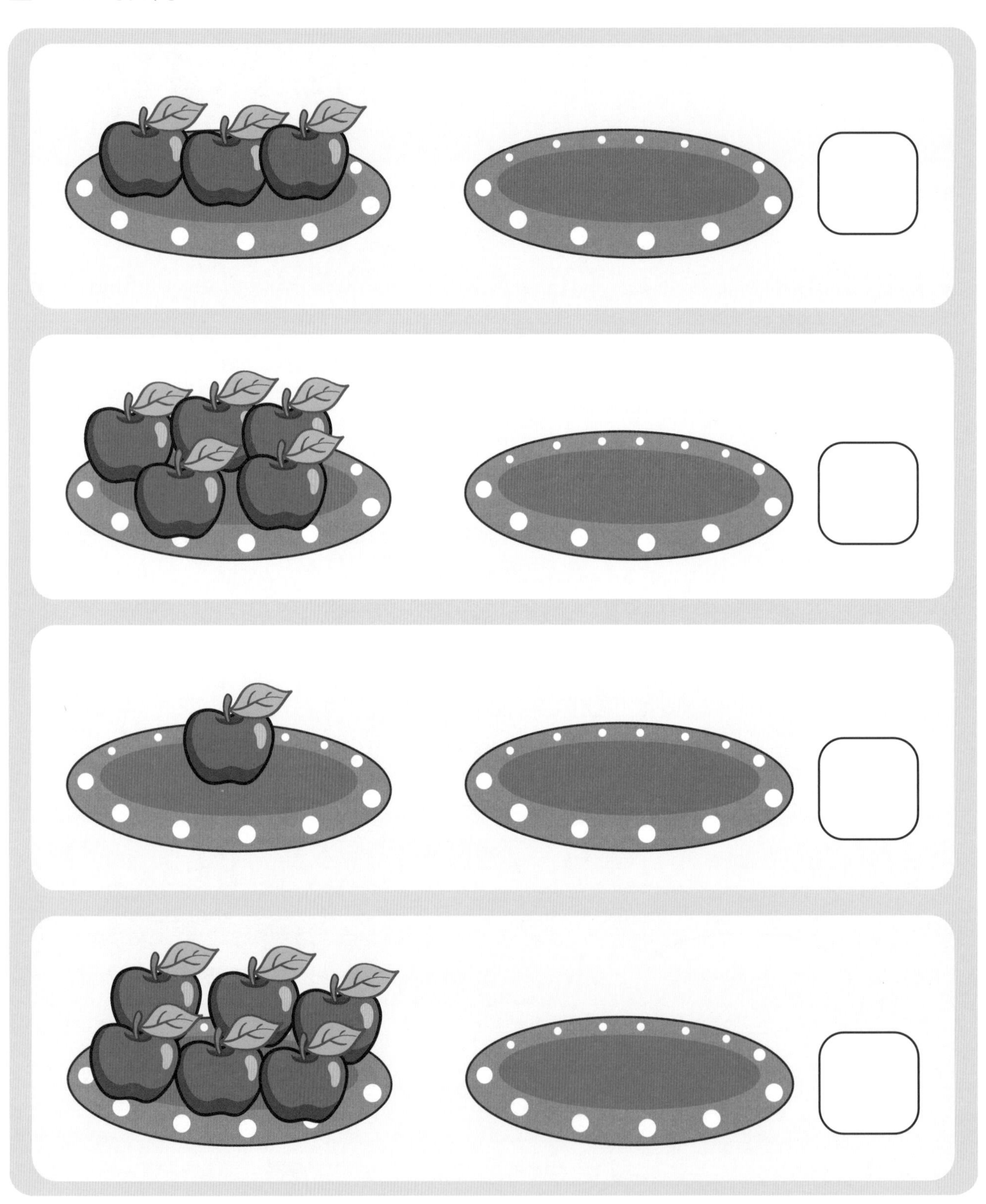

雙數的規律

請你觀察左邊圖案裏雙數出現的規律，然後看一看右邊哪個圖案與左邊一樣，把它們用線連起來。

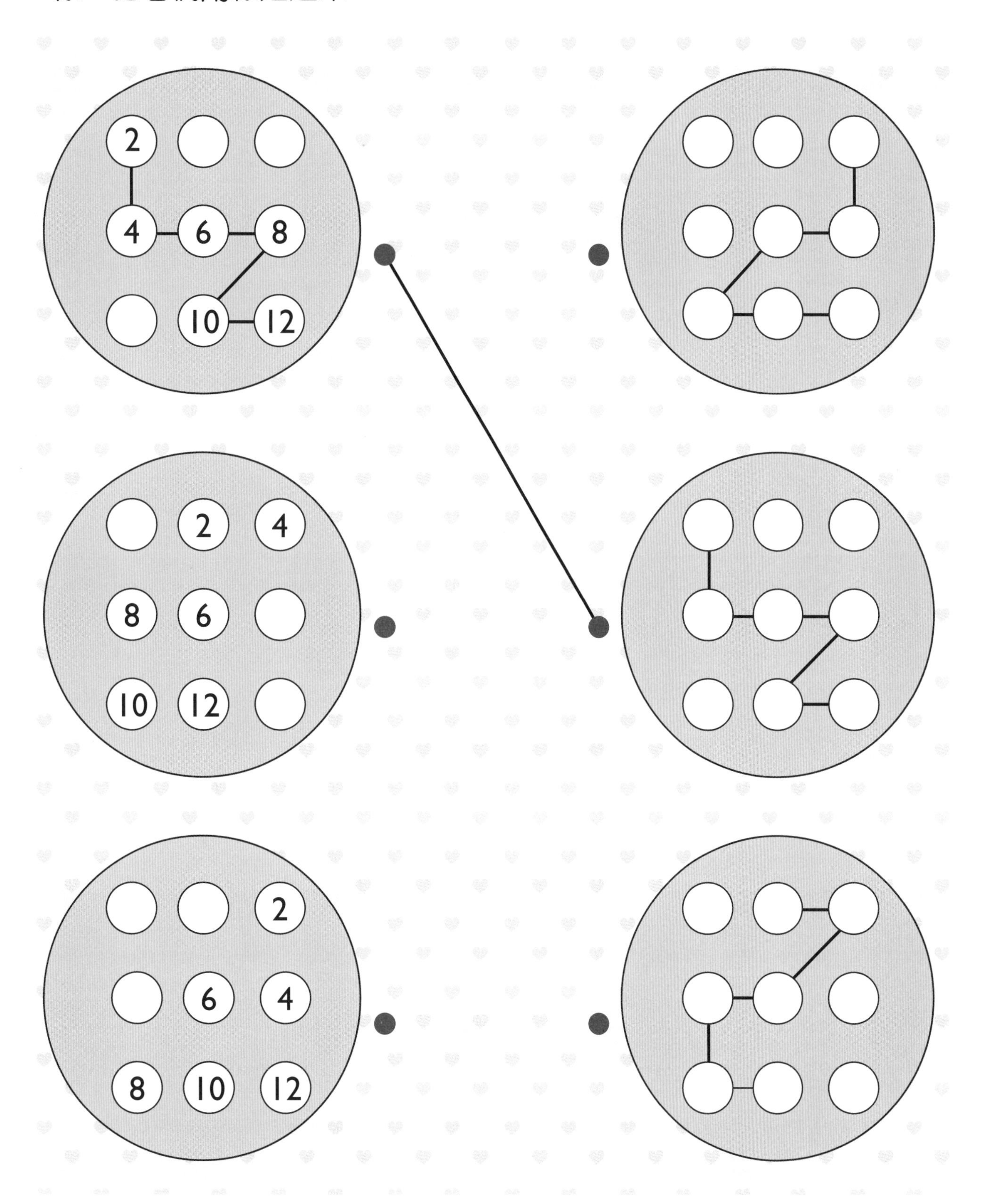

練習 74 雙數填填色

請你給下面這幅拼圖中所有標着雙數的部分塗上顏色。

練習 75

魚兒公主和小魚兒

魚兒們正圍在一起玩遊戲，被大家圍在中間的是魚兒公主。請你把魚兒公主和每條魚兒身上的數字相加，並把答案填在每條魚兒後面的格子裏。

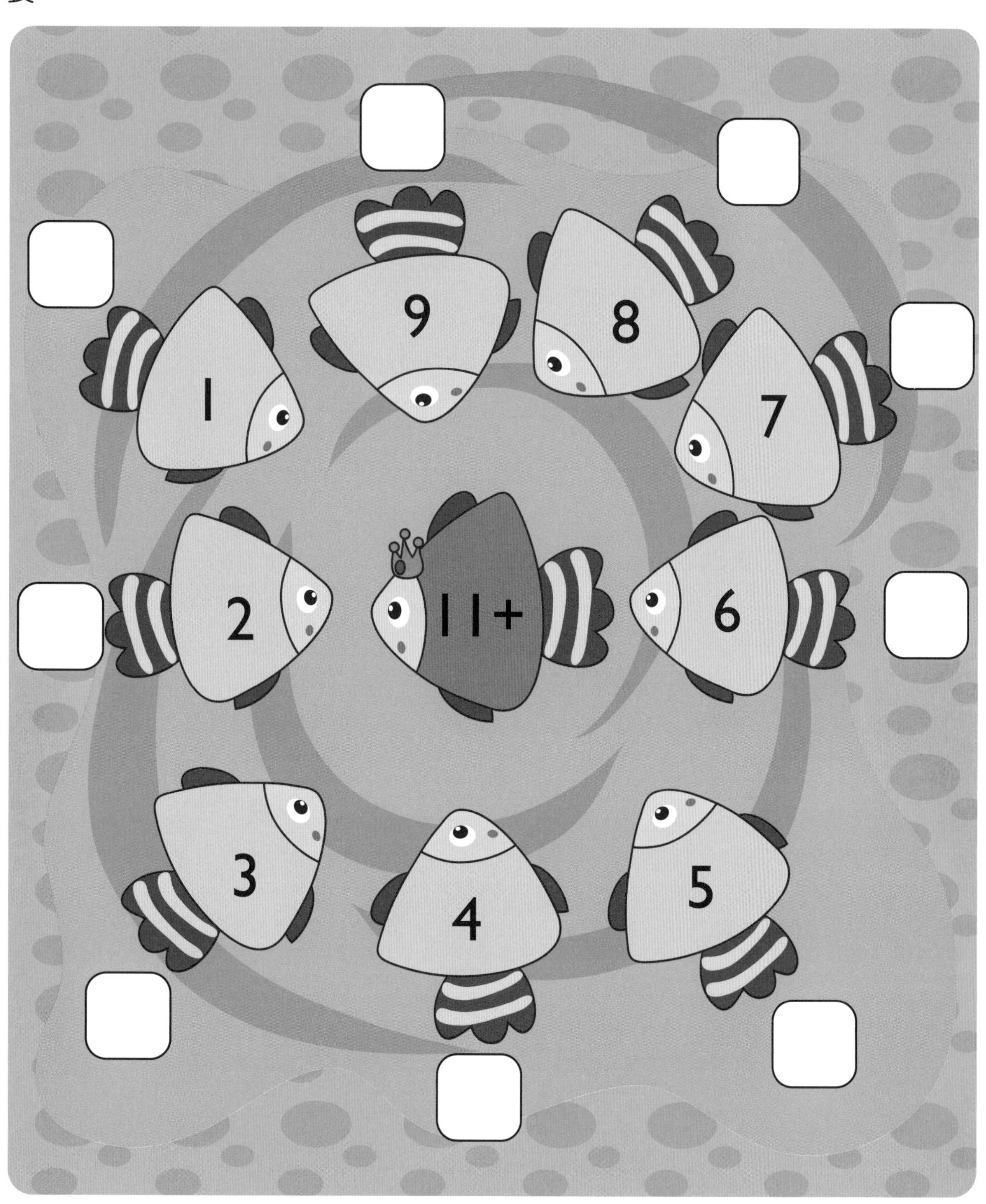

太空飛船

小熊坐上太空飛船飛上了天。請你用太空飛船上的數字，分別減去它周圍的數字，並把答案寫在對應的格子裏。

答案

練習1： 左一和右一，左二和右三，左三和右二，左四和右五，左五和右四

練習2： 略

練習3：

練習4：

練習5：

練習6： 左一和右三，左二和右四，左三和右一，左四和右二

練習7： 小貓1，小鴨3，小馬2，小雞4，小象5

練習8：

練習9： 4塊積木和1塊蛋糕，1盒火柴和1盒飲品，1支原子筆和2支蠟筆，1隻馬和1隻狼，1罐奶粉和1罐汽水，1輛私家車和1輛小巴，1雙鞋和1雙襪子

練習10： 左上角和右下角的體育用品相同，都有籃球、足球、羽毛球和羽毛球球拍

練習11： 3號車不一樣

練習12： 有3隻母雞過不了河

練習13： 左一和右三，左二和右四，左三和右一，左四和右二

練習14： 猴子有9個水果，小豬有9個水果；小牛和小羊共有10個菠蘿。

練習15： 每個小魚缸各放3條魚。

練習16： 兒童汽車安全座椅

練習17： 每次飛走1隻，需要飛5次；2和3，1和4；8隻

練習18：

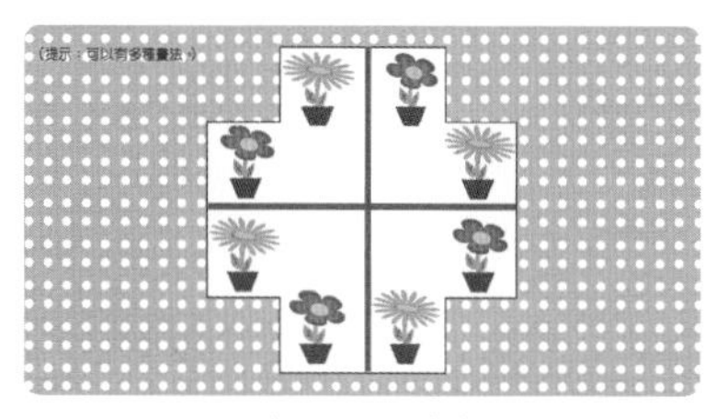

2號和5號交換

練習19： 4，2，2

練習20：小豬提的水最多。

練習21：

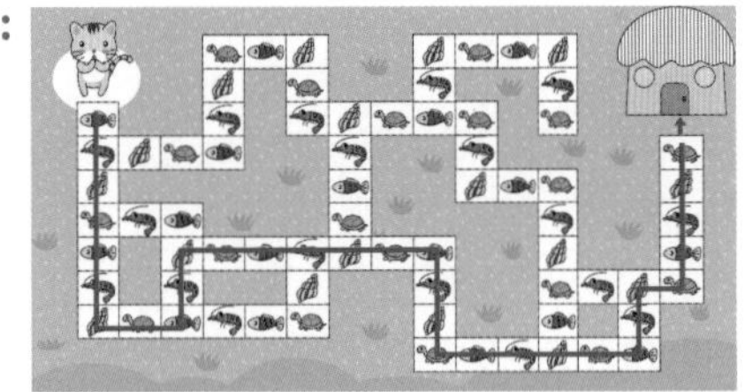

練習22：

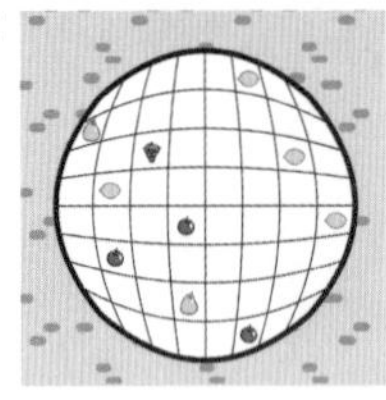

練習23：3＋1＋4＝8隻；4＋5－1＝8隻

練習24：3個籃子裏蘋果的數量一樣多

練習25：3、9、15、19、23、29、35、37、39、45、49、51、57

練習26：

練習27：

練習28：2、3、6、7

練習29：2、4、7、9、10、11

練習30：第1行：✗、✗、✓；第2行：✗、✓、✓

練習31：上一和下三，上二和下四，上三和下五，上四和下一，上五和下二

練習32：左一和右四，足球；左二和右一，羽毛球；左三和右五，籃球；左四和右二，保齡球；左五和右三，乒乓球

練習33：左一和右二，左二和右三，左三和右五，左四和右一，左五和右六，左六和右四

練習34：左一和右二，左二和右一，左三和右四，左四和右五，左五和右三

練習35：牙刷和牙膏，鞋子和襪子，平底鍋和鑊鏟，羽毛球球拍和羽毛球，褲子和上衣，屏幕和鍵盤

練習36：

練習37：5、8、11、3、1、6、7、9、2、4、12、10

練習38：4個蘋果、3個西瓜、4個菠蘿、5個梨

練習39：狐狸、小狗、小貓、猴子、老鼠和大象算對了，其他動物算錯了。3+7=10；7-3=4；2+5=7；4+4=8；3+2=5；4+2=6

練習40：小馬有13元，買到顏色筆；猴子有7元，買到杯子；狐狸有16元，買到椅子；獅子有15元，買到帽子；小羊有19元，買到檯燈；小豬有10元，買到皮球

練習41：第1組第2和第4個一樣，第2組第3和第5個一樣，第3組第2和第4個一樣，第4組第3和第6個一樣，第5組第2和第6個一樣

練習42：

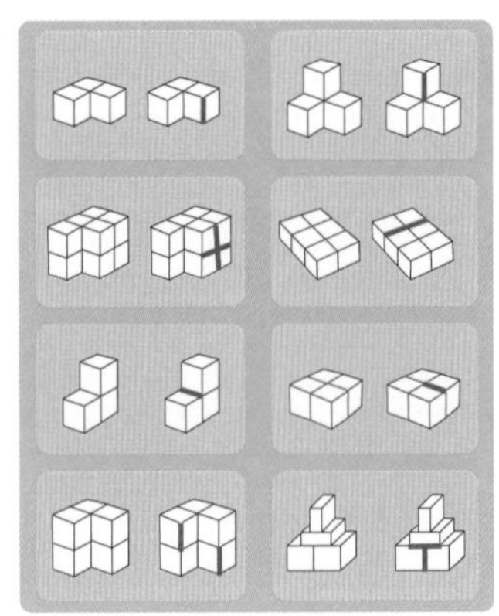

練習43：

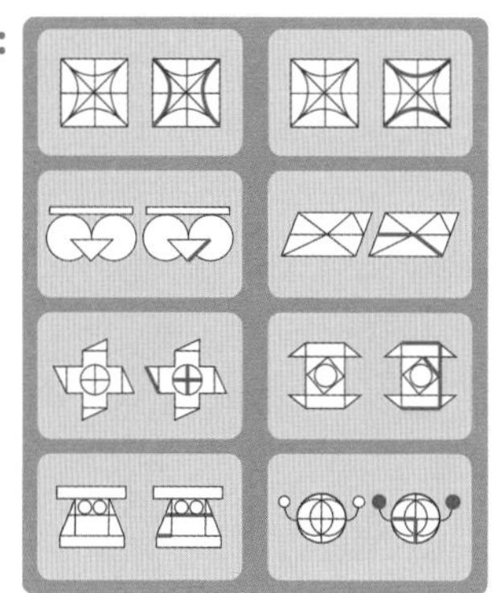

練習44：共有4對相同的蜜蜂

練習45：熊貓一共花了14元；兔子一共花了15元；小羊一共花了9元；松鼠一共花了9元；小狗一共花了15元；老鼠一共花了8元

練習46：

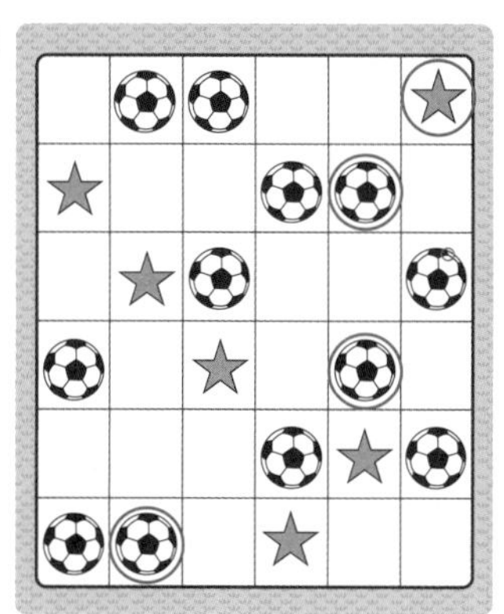

練習47：1和3；4和6

練習48：第1組第2個，第2組第3個，第3組第2個，第4組第1個，第5組第1個，第6組第1個

練習49：第1組第1個，第2組第2個，第3組第4個，第4組第1個，第5組第2個，第6組第1個

練習50：

練習51：第1組第1和第5個一樣，第2組第3和第5個一樣，第3組第2和第4個一樣，第4組第3和第5個一樣

練習52：第1組第3個，第2組第2個，第3組第1個，第4組第4個，第5組第2個，第6組第4個

練習53：第1組第1和第2個一樣，第2組第2和第4個一樣，第3組第1和第4個一樣，第4組第1和第4個一樣

練習54：略

練習55：第3行第2個

練習56：由左至右、上至下，分別是1、3、2、4、6、5。

練習57：第3行第3格缺2，第4行第2格缺3

練習58：1，3

練習59：

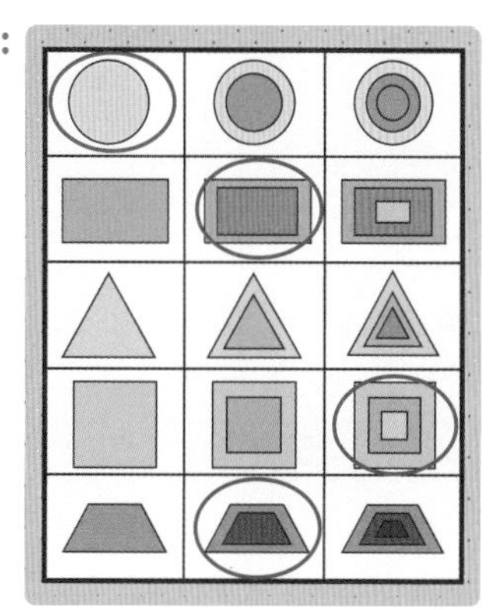

練習60：略

練習61：

練習62：略

練習63：1，2，3

練習64：

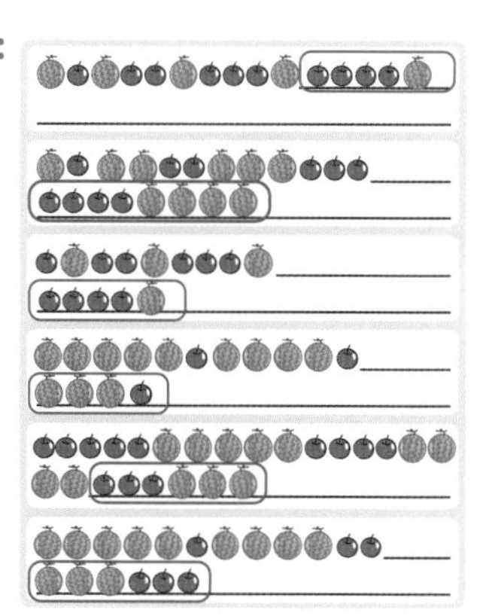

練習65：

練習66：略

練習67：

練習68：

練習69：

練習70：

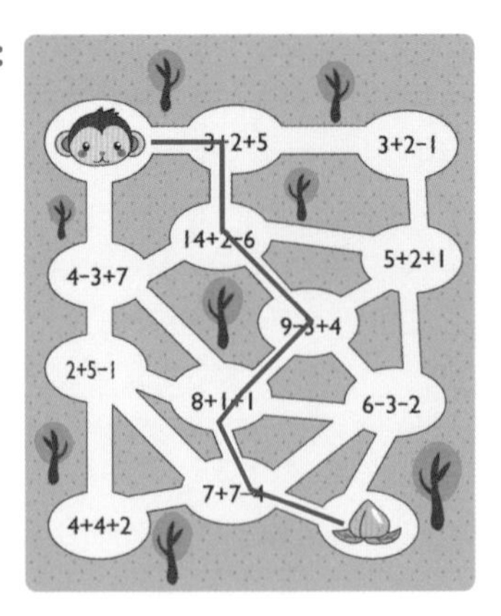

練習71：

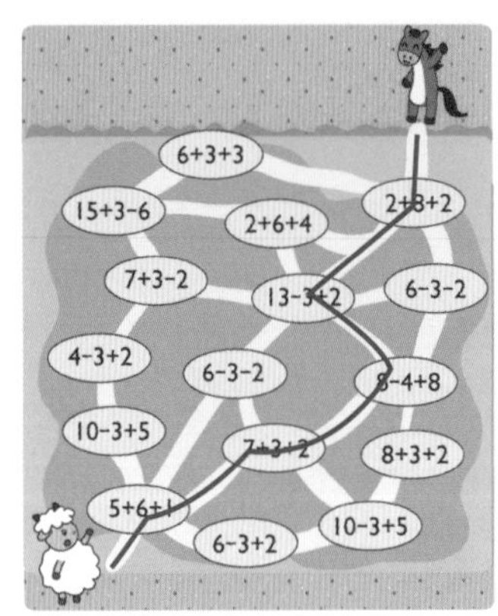

練習72：7，5，9，4

練習73：左二和右三，左三和右一

練習74：略

練習75：11+1=12，11+2=13，11+3=14，11+4=15，11+5=16，11+7=18，11+8=19，11+9=20

練習76：19-1=18，19-2=17，19-3=16，19-4=15，19-5=14，19-6=13，19-7=12，19-8=11，19-9=10